MORPHO

# Mammifères

## Éléments de morphologie comparée

Michel **Lauricella**



Éditions
EYROLLES

Je remercie Charlène Letenneur pour sa relecture. Dessinatrice scientifique, elle travaille aux côtés de chercheurs dans un laboratoire du Muséum national d'Histoire naturelle et en tant qu'indépendante pour des publications et des expositions naturalistes. Elle a pu soumettre le manuscrit de cet ouvrage à plusieurs spécialistes et préciser l'utilisation de certains concepts. Cette présentation simplifiée contient cependant encore quelques partis pris morpho !
Ce livre inaugure une nouvelle série consacrée aux formes animales. J'en profite pour remercier toutes les personnes impliquées depuis le début dans cette collection : Viviane Alloing, Gwenaëlle Le Cunff, Carole Rousseau, Éric Sulpice, Eva Tejedor et May Yang.
Je remercie tout particulièrement mon éditrice, Nathalie Tournillon, qui donna l'impulsion de départ, et influence pour le meilleur, la forme et le contenu de cette collection.

Relecture : Philippe Rollet
Relecture scientifique : Charlène Letenneur
Conception graphique : monsieurgerard.com
Mise en pages : Florian Hue

Toutes les illustrations sont de l'auteur.


61, boulevard Saint-Germain
75240 Paris Cedex 05
www.editions-eyrolles.com

ISBN : 978-2-212-67969-4


---

Depuis 1925, les éditions Eyrolles s'engagent en proposant des livres pour comprendre le monde, transmettre les savoirs et cultiver ses passions !
Pour continuer à accompagner toutes les générations à venir, nous travaillons de manière responsable, dans le respect de l'environnement. Nos imprimeurs sont ainsi choisis avec la plus grande attention, afin que nos ouvrages soient imprimés sur du papier issu de forêts gérées durablement. Nous veillons également à limiter le transport en privilégiant des imprimeurs locaux. Ainsi, 89 % de nos impressions se font en Europe, dont plus de la moitié en France.

---



Dépôt légal : septembre 2022
Troisième tirage octobre 2023
Imprimé en Slovaquie par Polygraf
Cet ouvrage est imprimé sur du papier Munken Lynx Rough 120 g issu de forêts gérées durablement.

## Comment ce livre se présente-t-il ?

J'ai décidé de découper cet ouvrage en trois grands chapitres correspondant à trois milieux : les milieux terrestre, aérien et aquatique. Il est évident que les espèces de mammifères terrestres sont les plus nombreuses : les trois chapitres n'ont donc pas la même taille et il nous faudra découper le milieu terrestre en sous-milieux, du sous-sol à la canopée. Je ne traiterai pas le milieu urbain car les nombreux rongeurs, chauves-souris et singes qui l'occupent ne se distinguent pas des formes sauvages.

# SOMMAIRE

*La galerie de Paléontologie et d'Anatomie comparée du Muséum national d'Histoire naturelle, à Paris.*

# AVANT-PROPOS

Au XVIIIe siècle, Carl von Linné classe les formes vivantes à partir de leurs ressemblances. Un siècle plus tard, Charles Darwin envisage des liens de parenté entre les espèces, ce que confirmera la génétique. Nous autres mammifères sommes donc apparentés, et cela se voit, cela se dessine. Nos corps ont un plan commun – c'est l'une des clés de la théorie de l'évolution – parfaitement identifié. Afin de le rendre lisible, je m'appuierai chaque fois que cela sera nécessaire sur le squelette. Grâce à l'anatomie comparée, nous apprendrons à reconnaître les segments homologues (de même origine), à retrouver par exemple notre main dans le dessin du membre antérieur d'un zèbre ou d'une taupe, dans celui d'une aile de chauve-souris, d'une « nageoire » de dauphin.
Le but recherché est donc de définir les caractères communs à cette classe d'animaux à laquelle nous appartenons, d'établir des liens entre les formes et les fonctions, mais aussi de comprendre les processus évolutifs qui font que ces formes sont différentes selon les écosystèmes. Ces notions et ces observations devraient vous aider à créer des formes à la fois imaginaires et vraisemblables.

# INTRODUCTION

Dans le cadre de ce petit livre, il ne peut s'agir que d'une initiation : je ne suis de toute façon pas scientifique, mais il peut être intéressant pour le dessin, et notamment le dessin d'imagination, de garder en tête la manière dont la sélection naturelle opère pour « bricoler » des formes.
Darwin et les généticiens après lui décrivent le bel équilibre entre hasard et adaptation. Des mutations nombreuses, favorisées par la reproduction sexuée et faisant entièrement partie du processus, génèrent de la variation, matière de la sélection naturelle. Le milieu au sens le plus large du terme – qui inclut donc la géographie, le climat, les ressources alimentaires, la prédation, les congénères, etc. – sélectionne. Il est la principale contrainte exercée sur le vivant. En témoignent de façon spectaculaire les nombreuses ressemblances par convergence évolutive : des espèces issues de lignées différentes finissent par se ressembler étrangement quand elles vivent dans des milieux semblables.

*La baleine à bosse* (**Megaptera novaeangliae**).

Déambuler dans un musée de sciences naturelles, comme la galerie de Paléontologie et d'Anatomie comparée du Muséum national d'Histoire naturelle, à Paris, c'est faire l'expérience d'une évidence : nous appartenons au même monde, à la même communauté de vivants. Ces squelettes se ressemblent, et ne sont pas réunis dans ces lieux par hasard. Tous ces vertébrés sont pourvus d'un crâne, d'une colonne vertébrale ; ils ont pour la plupart une cage thoracique, des paires de membres. On ressent très vite que ces différences témoignent d'aptitudes particulières : tel animal est taillé pour courir, tel autre pour nager, grimper, voler...

Par le simple fait qu'elles sont là, présentes en ce monde, toutes les formes actuelles témoignent de leur adaptation. Dans un univers en perpétuel mouvement, ces formes sont telles en un « instant T » et doivent laisser la place à d'autres formes à chaque fois que les milieux, ou les rapports de force à l'intérieur de ces milieux, changent. Par conséquent, les innombrables formes qui ont disparu – autre clé de la théorie de l'évolution – sont riches d'enseignements.
Comment choisir face à cette multitude ? J'ai retenu une centaine d'espèces vivantes parmi les plus spectaculaires, les plus « lisibles », celles qui illustrent le mieux le propos. La vision sera donc déformée car nombreuses sont les formes dont les adaptations sont moins visibles que celles traitées ici.
Je n'aborderai pas non plus les animaux domestiques, tous issus de la sélection artificielle, celle des éleveurs – voici encore une clé importante de la théorie de l'évolution exposée par Darwin (lire *L'Origine des espèces)* – et préférerais me limiter aux formes sauvages.

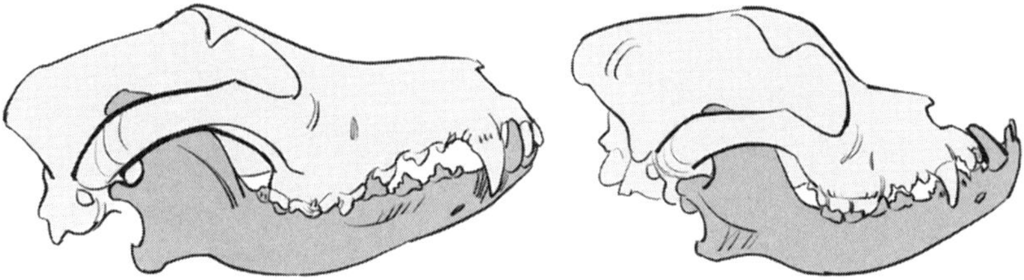

*Les différentes races de chien sont issues, par sélection artificielle, du loup. Le crâne du berger allemand à gauche est proche de celui de son ancêtre sauvage (voir p. 37, Fig. 5). On ne peut en dire autant de celui du boxer, à droite, qui témoigne des choix extrêmes des éleveurs.*

## Qu'est-ce qui distingue les mammifères ?

Ce sont des vertébrés, comme tous les animaux qui ont une colonne vertébrale, ce qui inclut donc aussi les poissons, les amphibiens, les reptiles et les oiseaux.
Les mammifères ont des poumons comme la plupart des amphibiens adultes, comme les reptiles et les oiseaux.
La plupart des mammifères sont vivipares (l'œuf se développe complètement à l'intérieur de l'utérus, de sorte qu'à la naissance le petit apparaît formé), mais beaucoup de poissons et reptiles le sont aussi ; les ornithorynques et les échidnés, eux, pondent des œufs tout en étant des mammifères.

Les zoologistes distinguent donc parmi les mammifères les monotrèmes, qui pondent des œufs, les marsupiaux dont les jeunes naissent à l'état embryonnaire et qui doivent poursuivre leur développement dans la poche ventrale de leur mère, et les placentaires chez lesquels les jeunes sont nourris par l'intermédiaire du placenta en connexion avec le système circulatoire de la mère.
Les mammifères sont dits à « sang chaud » (homéothermes) mais les oiseaux aussi. Et il faudrait nuancer, car certains mammifères (échidnés, dromadaires...) connaissent des variations importantes de leur température en fonction de la température ambiante, et d'autres durant des périodes d'hibernation.

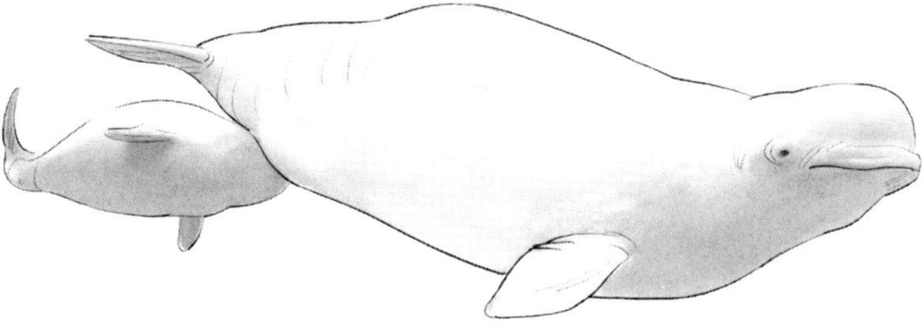

*Femelle béluga (**Delphinapterus leucas**) allaitant son petit.*

L'étymologie du terme mammifère renvoie au latin « mamma ». Les mamelles manquent pourtant aux monotrèmes (ornithorynques et échidnés). Mais tous ont en commun les glandes mammaires. Le lait de l'ornithorynque sourd par un grand nombre de pores de la peau, suinte à travers les poils où il est happé par les jeunes.
Les poils, justement, sont aussi une caractéristique mammalienne par leur structure particulière et leur rôle de couverture isolante, rendue imperméable grâce à l'action de nombreuses glandes. Rôle important chez ces animaux homéothermes (les plumes jouent ce rôle chez les oiseaux). Ils sont clairsemés chez l'éléphant, le rhinocéros ou l'hippopotame. Chez certaines baleines ils ne font qu'une brève apparition lors du développement embryonnaire : une importante couche de graisse remplit chez elles le rôle d'isolant.
Les poils des animaux à fourrure s'orientent généralement du bout du museau jusqu'à la queue : on caresse et brosse un chat dans ce sens-là. Les souris se glissent ainsi facilement dans les moindres fissures et trous de murs, les chevreuils se fraient un passage dans les sous-bois, la loutre glisse dans l'eau... La taupe en revanche a un poil dont l'implantation reste souple. Le poil se couche dans un sens aussi bien que dans l'autre, ce qui constitue un avantage dans les galeries souterraines : l'animal peut reculer sans accumuler de terre sous sa fourrure.

*À gauche il s'agit bien d'une souris (***Mus musculus***) mais les deux petits mammifères en haut à droite n'appartiennent pas à l'ordre des rongeurs ! Vous avez là un marsupial (***Ningaui ridei***) et un macroscélidé, ou rat à trompe (***Elephantulus rupestris***). En bas à droite, ce tenrec (***Echinops telfairi***) est un autre exemple de convergence évolutive : il ressemble incroyablement à un hérisson, d'autant qu'il peut lui aussi se mettre en boule.*

Les poils peuvent devenir défensifs : tout comme nos poils, nos cheveux et nos ongles, les piquants du hérisson sont constitués de kératine. Il en va de même pour les « moustaches », ou vibrisses, sensibles aux moindres vibrations, généralement disposées autour du museau, au-dessus des yeux, sur les pattes...

Les poils peuvent varier en longueur et en couleur dans certaines régions au climat bien marqué, en fonction des saisons. Des mues successives feront alterner fourrure d'hiver et fourrure d'été.

Les poils peuvent être de couleur unie ou comporter des bandes de divers tons offrant à l'animal une « tenue de camouflage » : taches et rayures brouillent en effet la vision de la silhouette et permettent aux prédateurs (léopard, tigre) de ne pas se faire repérer, comme aux proies de se cacher. Par conséquent, chez de nombreuses espèces on retrouve très souvent des rayures (marcassin) ou des taches (faon) chez les jeunes et les femelles, qui sont en situation périlleuse lors de la gestation, de la mise bas et pendant qu'elles s'occupent de leur progéniture. Certains mâles, eux, porteront de véritables parures, tels le gélada, ce grand singe dont certaines zones nues du corps sont fortement colorées en période de rut, ou le lion, dont la crinière est un signal fort qui joue aussi un rôle de bouclier contre les morsures des rivaux.

*Le gélada (***Theropithecus gelada***).*

*Le lémurien sifaka (Propithecus verreauxi).*

Il faut noter que les poils forment sur le corps des régions souvent très marquées. S'ils ont froid, les mammifères contrôlent leur température corporelle en se mettant en boule, en réduisant leur surface à découvert : sont alors visibles les poils de couverture, les poils isolants. Les parties cachées pourront avoir un poil plus court ou être à nu : c'est le cas de la partie ventrale, de l'intérieur des pattes. Ces zones sont dévoilées ou trempées dans l'eau si l'animal a trop chaud. Elles peuvent constituer des parties plus sensibles voire érogènes.

Le dimorphisme sexuel, quand il existe, est source de formes quelquefois invraisemblables, semblant contredire la théorie de la sélection naturelle. Comment considérer comme un avantage les bois du cerf, les dents du babiroussa (voir p. 44), la défense du narval (voir p. 93)... Les exemples sont nombreux, nous obligeant à envisager une sélection sexuelle qui s'ajoute en quelque sorte à la sélection du milieu. Que les conditions de survie soient réunies et on peut voir apparaître au sein d'une espèce des caractères morphologiques et/ou comportementaux qui semblent de véritables handicaps pour les individus. Les mâles, qui ne connaissent évidemment pas les contraintes liées à la gestation, à la mise bas et à l'allaitement des petits, sont le plus souvent concernés par cette surenchère. Ils auront des comportements à risque, agressifs, territoriaux ; leur taille, leurs cornes, leurs bois ou leurs dents dépassent les besoins stricts de l'animal et peuvent même se révéler pénalisants. Mais s'il parvient jusqu'à l'âge de la reproduction, il sera reconnu comme porteur d'un patrimoine génétique fort par ses congénères et notamment les femelles, qui le sélectionneront pour ces caractéristiques sexuelles secondaires. Celles-ci se maintiendront ainsi au sein de l'espèce et prendront quelquefois des proportions surprenantes.

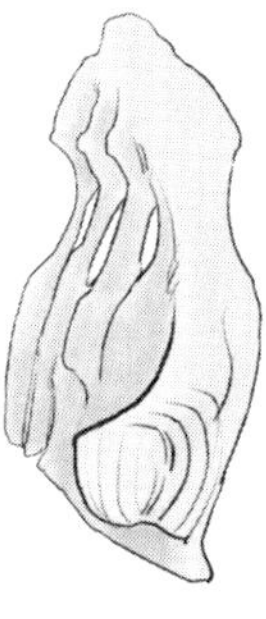

Dans le cadre de ce petit ouvrage je me contenterai de ces quelques notions. Notez toutefois la présence de sept cervicales chez quasiment tous les mammifères, qu'il s'agisse de la girafe, de la baleine ou de l'être humain. Les exceptions se comptent sur les doigts de la main : trois espèces de paresseux (de 6 à 9 cervicales) et le lamantin (6) dérogent à cette loi.

*Profil droit des quatre premières cervicales soudées chez l'orque (Orcinus orca).*

## L'ossature

Le but du jeu est d'identifier les différents caractères adaptatifs à partir d'un hypothétique plan commun. Pour cela, je prends ici le risque de dessiner une chimère de mammifère, une espèce imaginaire qui présenterait le plus grand nombre de points communs, dont le corps serait un amalgame des caractères les plus courants. Ces caractères sont schématisés, ramenés à des formes simples. À partir de ces schémas il vous sera peut-être plus facile de concevoir les adaptations que nous verrons plus en détail dans les pages suivantes.

La tête réunit, à l'avant du corps, le centre nerveux (cerveau), les organes des sens principaux (vue, odorat, ouïe) et l'ouverture du système digestif (gueule). Le dessin de la tête peut se concevoir à partir de la boîte crânienne, véritable « exosquelette » dont la fonction est de protéger le cerveau et de le connecter avec la moelle épinière qui se glissera dans le système souple et résistant de la colonne vertébrale.

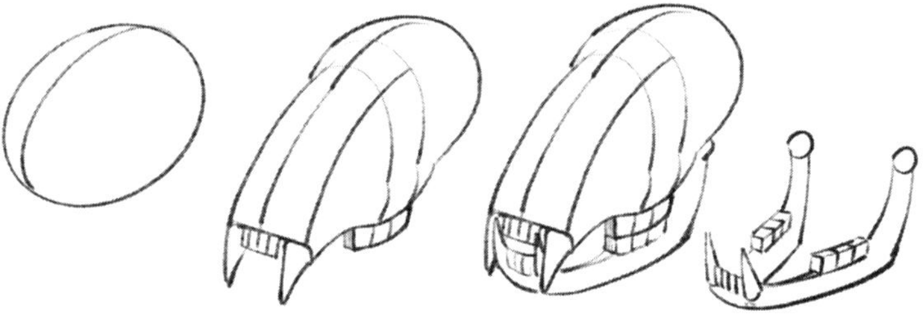

Cet animal doit s'alimenter : je dessine donc ensuite la mâchoire. La mâchoire supérieure est soudée à la boîte crânienne (ce n'est pas toujours le cas chez d'autres vertébrés) ; seule la mâchoire inférieure, ou mandibule, est mobile. Les mammifères ont des dents spécialisées. On distingue bien souvent les incisives, tranchantes, les canines qui déchirent et les robustes molaires broyeuses, en arrière.

Les fosses orbitales et nasales ne peuvent remettre en question l'architecture de la face. Elles prennent place entre les principaux piliers osseux.

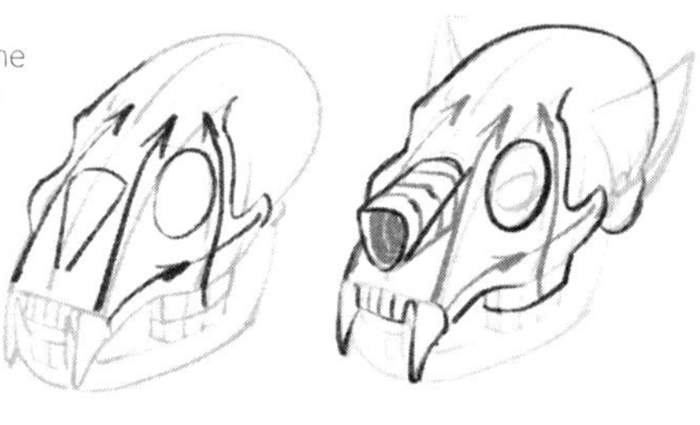

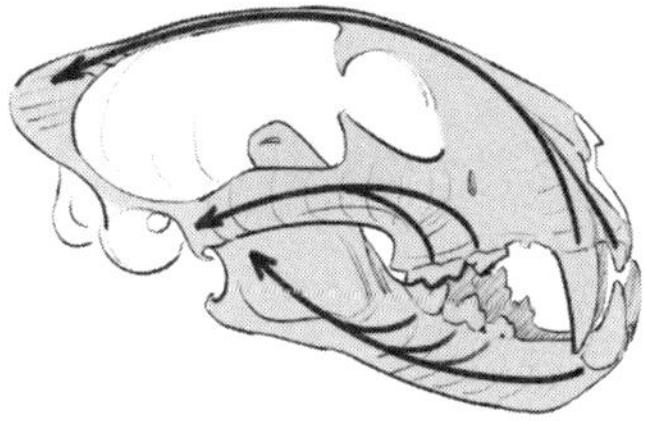

*Crânes de panthère (**Panthera pardus**) et d'humain (**Homo sapiens**).*

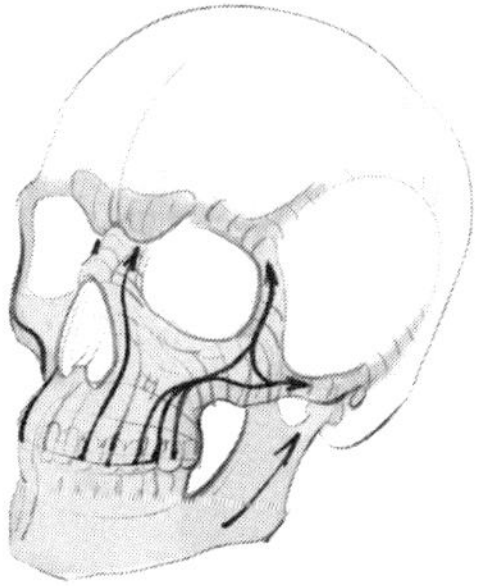

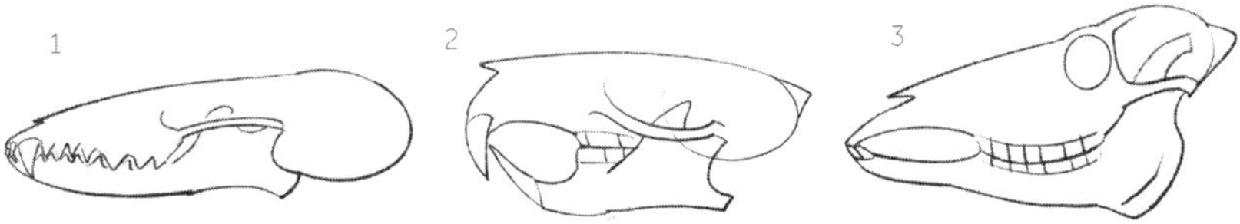


*Quelques exemples types : crânes d'insectivore (taupe, 1), de rongeur (rat, 2), d'herbivore (biche, 3), de carnivore (puma, 4), d'omnivore (porc, 5 et humain, 6).*

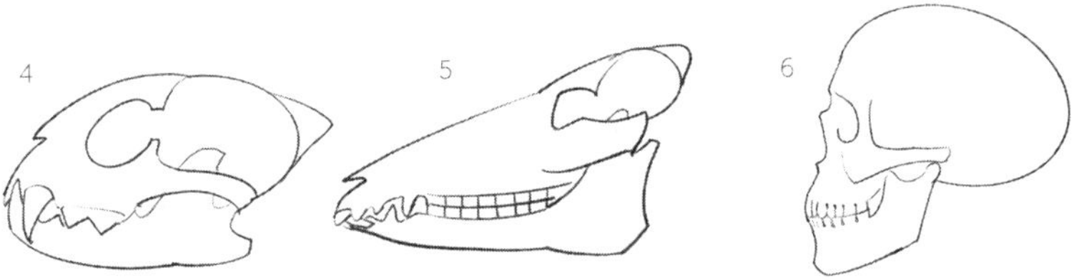


Les crânes des mammifères offrent ainsi une grande variété de formes. À ces contraintes alimentaires s'ajoutent des caractères offensifs ou défensifs. La gueule étant toujours potentiellement une arme, certaines dents sont spécialisées, telles les canines du morse ou celles du phacochère, les incisives des éléphants... La liste est longue.

Il existe différents types de cornes et de bois : cornes de bison, corne de rhinocéros, bois de cerf, etc. Le poids de ces excroissances, la nature et la fréquence des coups portés redessinent forcément l'architecture du crâne. Les fosses orbitales et nasales, les trous et bulles auditives prennent ainsi place entre les piliers osseux exigés par les contraintes de la mâchoire et éventuellement celles des cornes.

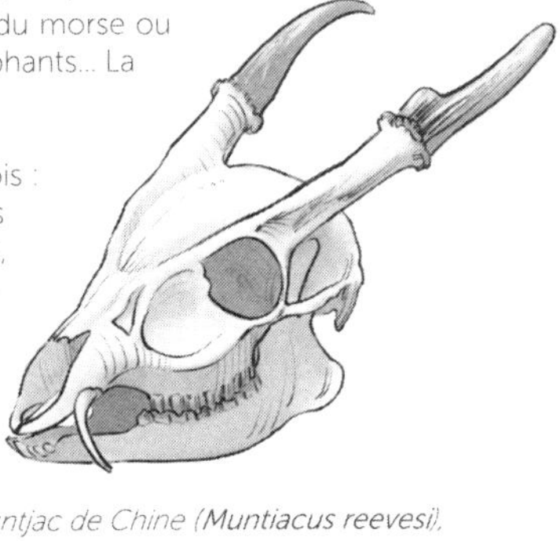

*Muntjac de Chine (**Muntiacus reevesi**), cervidé à longues canines.*

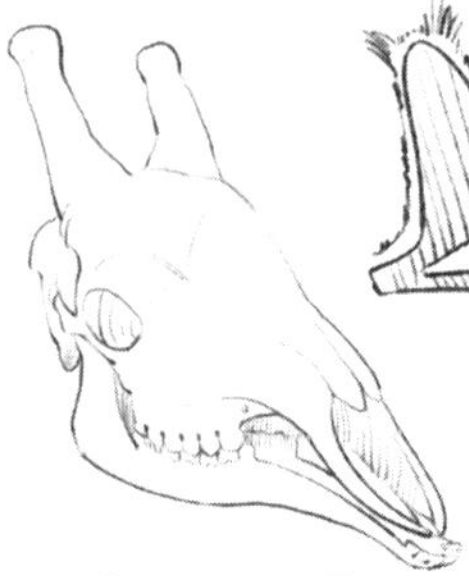
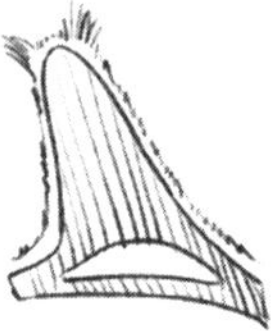
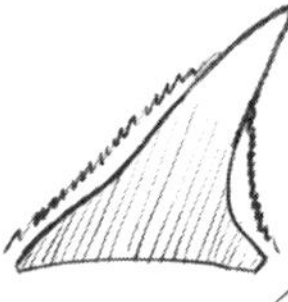

Les girafes et les okapis mâles ont des protubérances osseuses (ossicônes) recouvertes de peau.

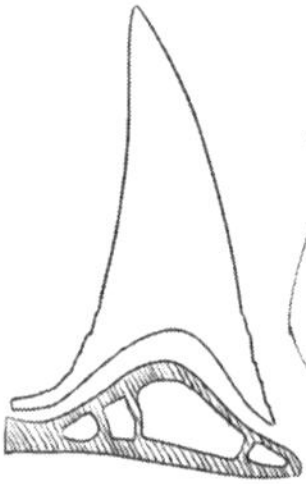
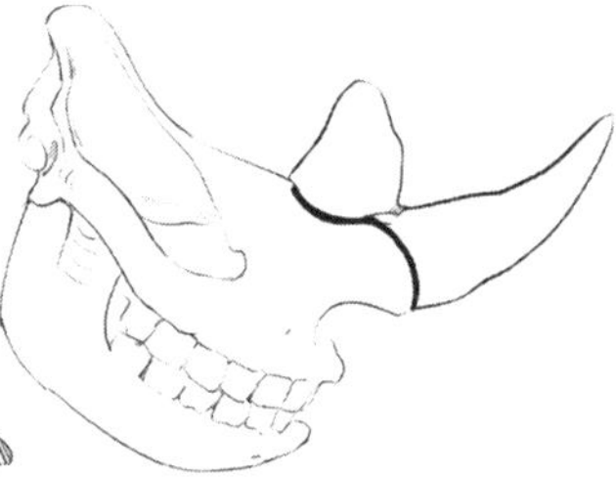

La corne (une ou deux selon les espèces) du rhinocéros (ici le rhinocéros noir) est simplement composée de kératine, comme nos ongles. Elle est posée sur le promontoire osseux qui surplombe la fosse nasale.

Les cornes de bovidés (ici un bœuf musqué, mais cela concerne les gazelles, gnous, moutons, chèvres, etc.) sont de formes très variables, mais elles sont toujours paires, creuses et permanentes. Elles sont constituées d'une cheville osseuse (ou cornillon) recouverte d'un étui corné. Les cornes de bovidés peuvent exister chez les deux sexes ou seulement chez les mâles.

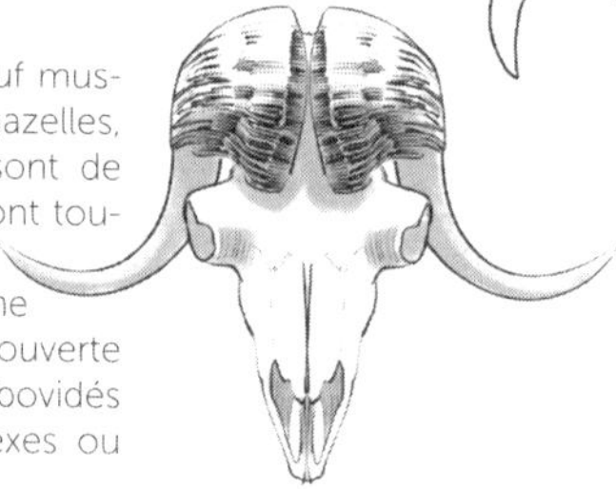
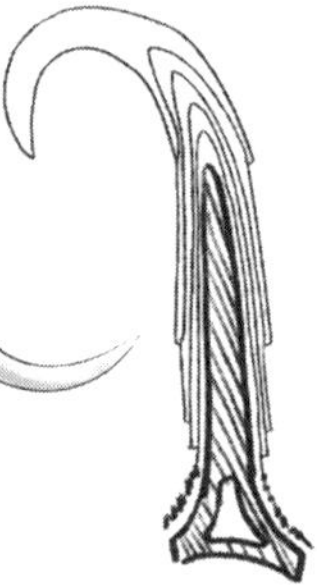

Les cervidés (cerf, chevreuil, renne, élan, daim, etc.) portent des bois, des organes osseux qui tombent et repoussent chaque année sur la tête des mâles (mais également des femelles chez le renne). Les bois sont dans un premier temps recouverts d'une peau richement vascularisée (le velours). Ils resteront à nu pendant toute la période de rut.

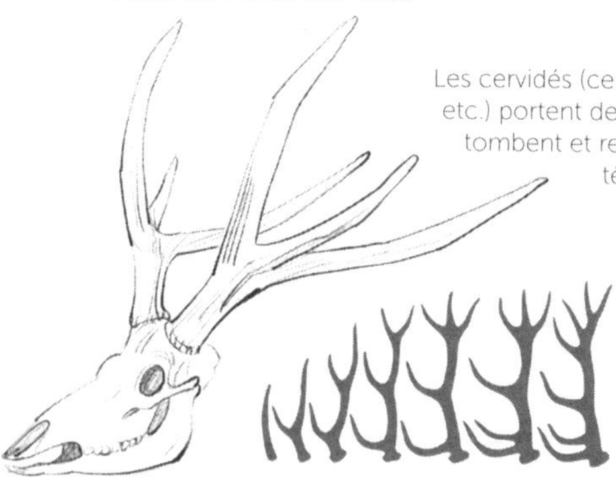

*Phases annuelles de croissance des bois (d'après l'encyclopédie Nordisk familjebok).*

Reprenons le dessin de notre mammifère type. À la suite de la tête je dessine la colonne vertébrale en cinq parties (Fig. 1, cervicale, thoracique, lombaire, sacrum et caudale). Suit le dessin de la cage thoracique qui protège cœur et poumons, accueille l'attache des muscles du tronc et des membres antérieurs et permet la pénétration d'un volume d'air lors de la respiration.
Il ne reste plus qu'à fixer les membres par l'intermédiaire de la ceinture scapulaire (omoplate ou scapula/clavicule/sternum) et pelvienne (bassin ou pelvis)
La ceinture scapulaire a la particularité d'être mobile. En effet, les omoplates (premiers éléments osseux qui la composent) sont liées à la cage thoracique par des muscles et des tendons. Elles sont ensuite articulées aux clavicules et les clavicules au sternum (partie ventrale de la cage thoracique). La ceinture pelvienne, qui relie le membre postérieur à la colonne vertébrale, est strictement osseuse et composée du bassin en articulation avec le sacrum.

Fig. 1

Fig. 4

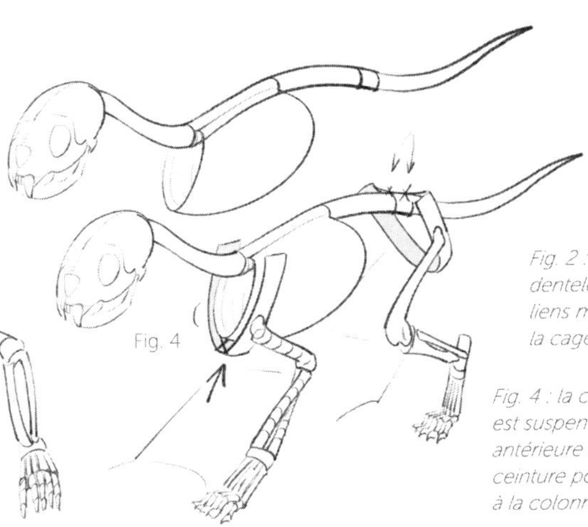

Fig. 2

*Fig. 2 : le muscle grand dentelé (grisé) est l'un des liens musculaires entre la cage et l'omoplate.*

Fig. 3

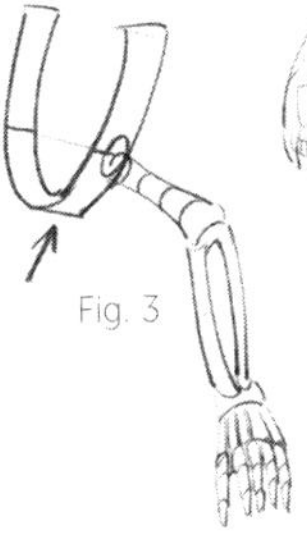

*Fig. 4 : la cage thoracique est suspendue à la ceinture antérieure tandis que la ceinture postérieure se fixe à la colonne (sacrum).*

Dans la posture hypothétiquement primitive (Fig. 3, démarche d'une salamandre actuelle), le membre est déjeté sur les côtés et sert tout à la fois à se soulever du sol (coude et genou) et à avancer (épaule et hanche).
De cette posture on passe à une posture plus dynamique en rapprochant les articulations du centre de gravité (Fig. 4, genou et coude toujours fléchis). L'animal contrôle ainsi mieux son poids (bond et réception à l'issue d'un saut), et toutes les articulations se déploient dans le sens de la locomotion (se soulever et avancer en même temps).
À l'arrière, le membre rabattu sur le côté, le genou en avant, garde la même construction : le tibia et le péroné restent parallèles, tandis qu'à l'avant le fait de ramener le coude vers l'arrière tout en gardant bien sûr l'extrémité des pattes orientées vers l'avant oblige une torsion des os de l'avant-patte : le radius et le cubitus se croisent !

Il s'agit là d'une vision extrêmement schématique et imaginaire d'un « mammifère moyen » à partir de laquelle j'analyse les écarts de formes, de proportions, de fonctions. Le mode propulseur arrière s'exacerbe chez un kangourou, tandis que ce sont les membres antérieurs avant qui font « tout le boulot » pour creuser chez une taupe ou pour voler chez une chauve-souris. Les extrémités pourront se simplifier en ne gardant qu'un seul doigt (zèbre), voire se réduire au point d'être invisibles sous la peau (dauphin).

Tous les membres sont théoriquement construits sur le même plan. On compte un seul os dans le premier segment (humérus à l'avant et fémur à l'arrière), deux dans le deuxième (radius/cubitus ou ulna à l'avant et tibia/péroné ou fibula à l'arrière), une série de petits os (au niveau du poignet et du talon), puis cinq doigts composés chacun d'un méta et de plusieurs phalanges.

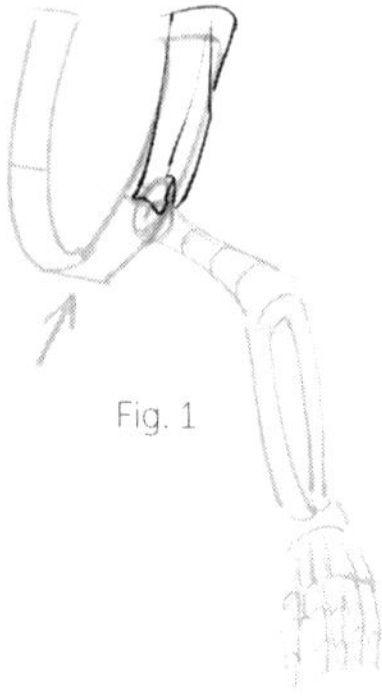

Fig. 1

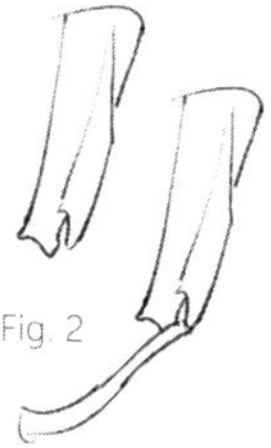

Fig. 2

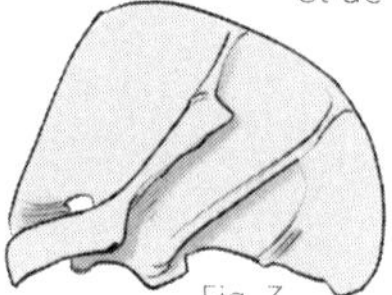

Fig. 3

*Fig. 1 & 2 : la ceinture scapulaire se réduit bien souvent, sur le plan osseux, à l'omoplate (ou scapula).*
*Fig. 3 : omoplate de grand fourmilier (***Myrmecophaga tridactyla***).*

*Fig. 4 & 5 : la ceinture pelvienne comprend le bassin (ou pelvis), composé d'os réunis autour de l'articulation de la hanche (iliaque, ischion et pubis) et relié à la colonne par le sacrum, lui-même composé de vertèbres en nombre variable et soudées entre elles. Le bassin est réduit à deux os longs enfouis dans les chairs chez le dauphin.*

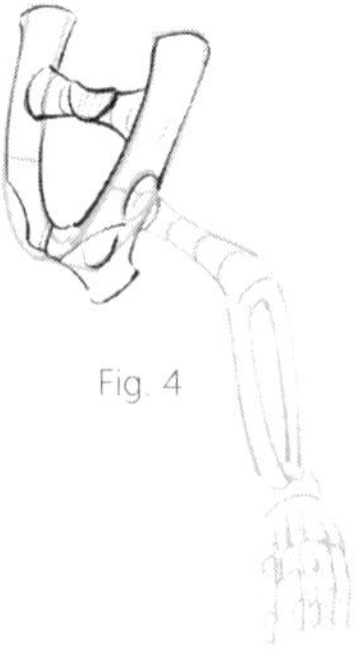

Fig. 4

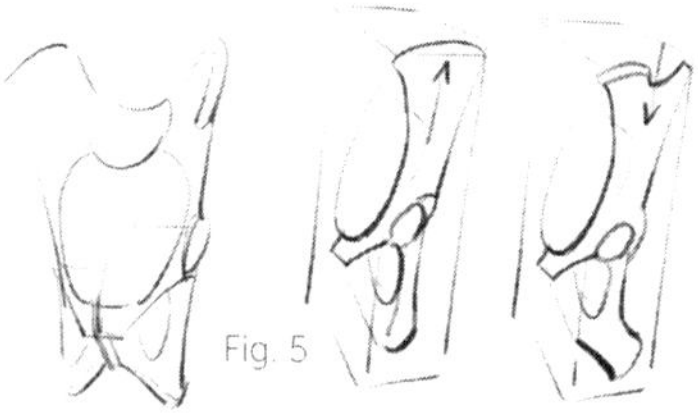

Fig. 5

*Fig. 5 : les ailes iliaques peuvent être convexes (par exemple chez un félin) ou concaves (par exemple chez un cervidé), selon le mode d'insertion des muscles fessiers.*

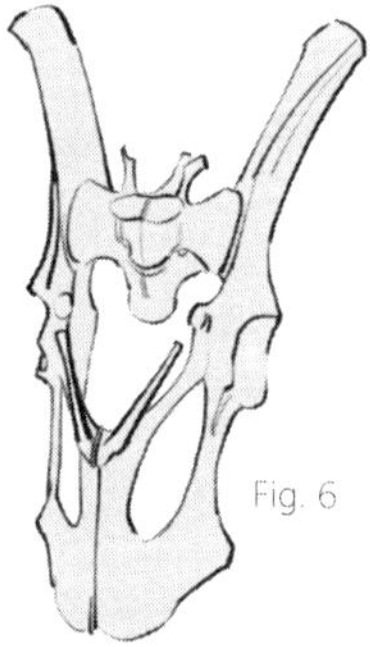

Fig. 6

*Fig. 6 : bassin de kangourou (***Macropus giganteus***). Chez les marsupiaux, le bassin porte à sa partie antérieure deux longs prolongements fixés sur le pubis (os marsupiaux) qui se dirigent obliquement en avant et soutiennent la poche dans laquelle les petits passent la première partie de leur existence, suspendus aux mamelles de la mère. Ils existent aussi chez les mâles, qui sont cependant dépourvus de poche marsupiale.*

Dans ce petit ouvrage, la part belle est faite à l'ossature. Vous aurez ainsi les clés qui vous aideront à définir l'axe des principaux segments mais aussi leurs proportions.

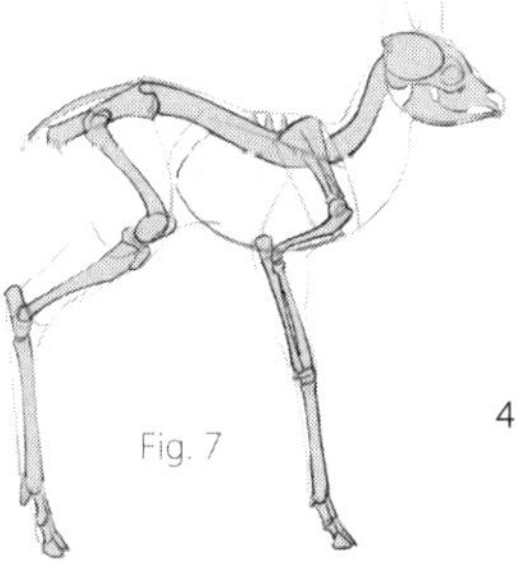

Fig. 7

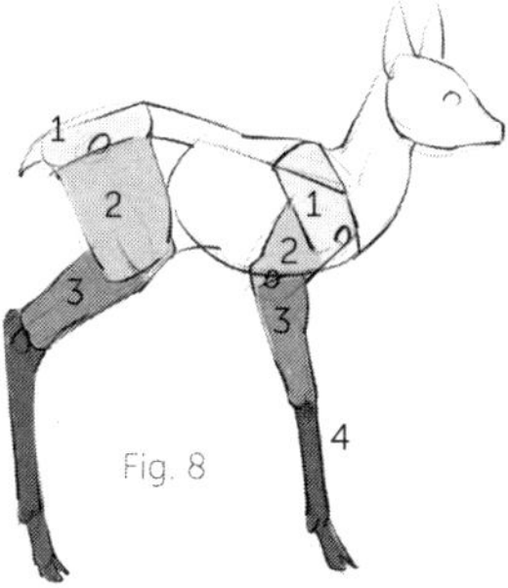


Fig. 8

*Fig. 7 & 8 : la démonstration faite ici sur un faon sera valable et réutilisée tout au long de cet ouvrage. Nous retrouvons 4 segments sur chacun des membres. Je choisis d'utiliser les termes de l'anatomie humaine. Le membre antérieur comprend l'épaule (1, omoplate), le bras (2, humérus), l'avant-bras (3, radius et cubitus) et la main (4). Le membre postérieur compte le bassin (1), la cuisse (2, fémur), la jambe (3, tibia) et le pied (4).*

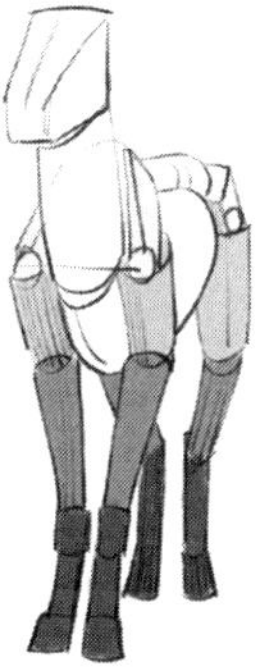

Fig. 9

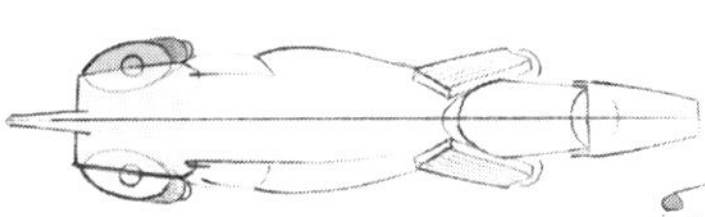

*Fig. 9 : les muscles et tendons suivent l'axe de ces différents os (d'après E. Goldfinger).*
*Fig. 10 : la connaissance des squelettes vous permettra aussi de rythmer votre dessin, en distinguant les repères osseux, zones où les os dominent la forme sous la peau (parties grisées).*

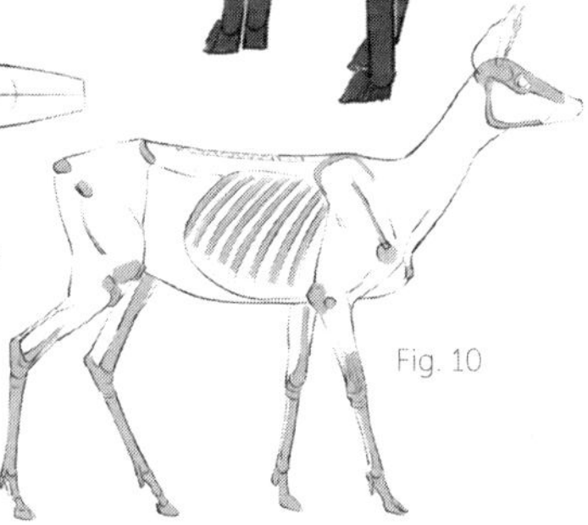

Fig. 10

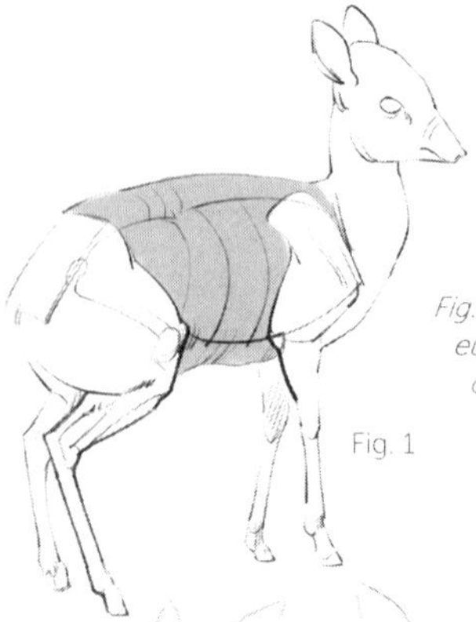

*Fig. 1 : au repos, de nombreux mammifères quadrupèdes semblent poser leur torse sur les coudes et les genoux, comme ce dik-dik (***Madoqua kirki***).*

*Fig. 2 : pensez aussi à la nécessité chez eux de récupérer le poids du corps sur quelques appuis lorsqu'ils se déplacent. Les « poignets » se resserrent sous le poitrail, tandis que les pattes arrière s'écartent naturellement pour passer sur les côtés de l'abdomen au niveau des genoux (notamment chez les herbivores, comme la biche,* ***Cervus elaphus****), pour se resserrer ensuite au niveau des talons.*

Fig. 1

Fig. 2

Fig. 3

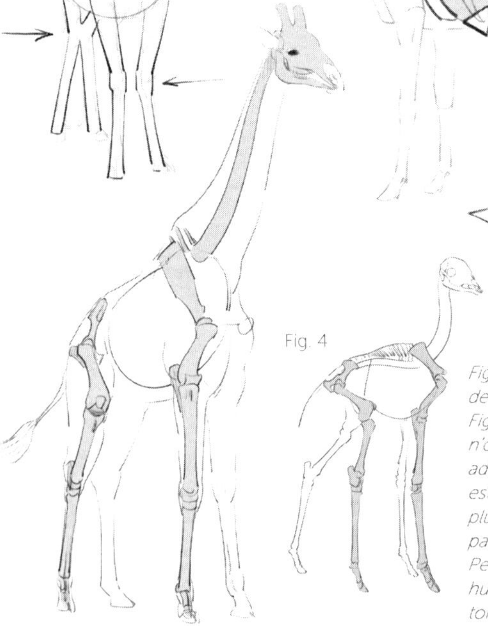

Fig. 4

*Fig. 3 : les appuis mal assurés de ce faon sont écartés.*
*Fig. 4 : notez que les jeunes n'ont pas les proportions d'un adulte en miniature. Ce girafon est « tout en pattes » et doit au plus vite emboîter le pas de ses parents face aux prédateurs. Pensez au nouveau-né humain, qui lui est « tout en torse et tête » !*

# PLANCHES

Il existe de très nombreuses espèces fouisseuses car le milieu souterrain offre des conditions thermiques plus stables, un abri moins exposé, des réserves alimentaires qui peuvent être importantes (vers de terre, larves d'insectes, racines, etc.). Les caractères communs aux espèces les mieux adaptées à ce type de milieu sont une petite taille, l'atrophie des yeux et des pavillons des oreilles, un avant-train puissant (mode traction) pourvu d'une puissante musculature des épaules qui occupe et comble la région du cou, un poil court et soyeux à l'implantation souple. Notez que ce n'est pas le non-usage des yeux qui provoquerait leur atrophie : la théorie de l'évolution oblige à une autre lecture.
La taupe d'Europe (*Talpa europaea*, Fig. 1) a des yeux minuscules qui perçoivent mal les formes, mais assez bien les mouvements. Ses oreilles sont dépourvues de pavillon. Son museau pointu est un organe tactile.

Fig. 1

Fig. 2

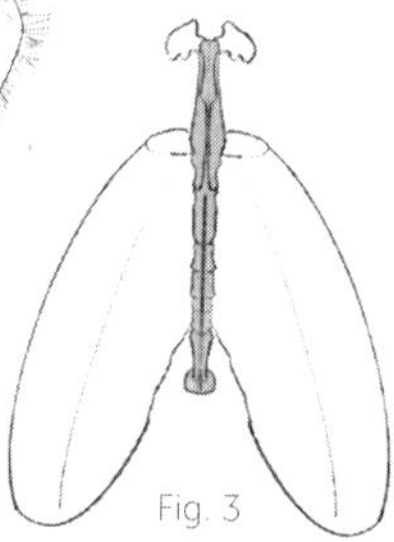

Fig. 3

Fig. 4

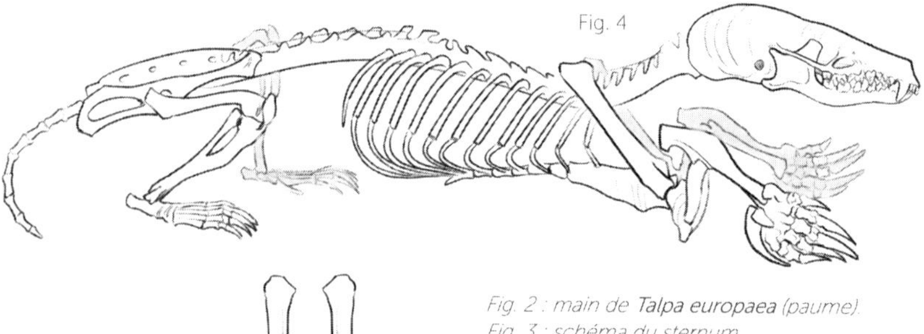

Fig. 5

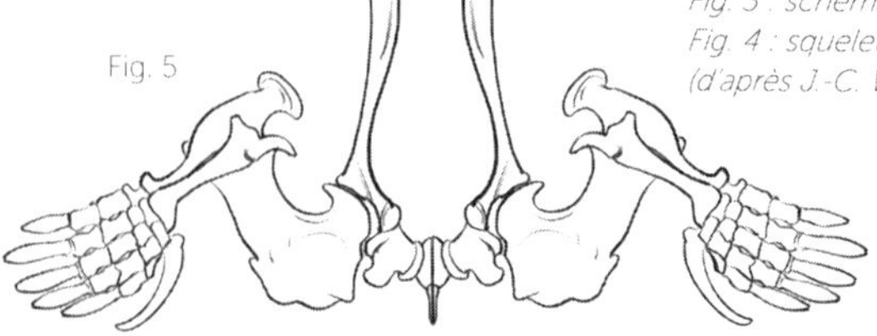

*Fig. 2 : main de* **Talpa europaea** *(paume).*
*Fig. 3 : schéma du sternum.*
*Fig. 4 : squelette de* **Talpa europaea** *(d'après J.-C. Webb).*

*Fig. 5 : pattes antérieures et ceinture scapulaire (d'après L. Vialetton).*

Les taupes dorées (ici la taupe dorée du Cap, *Chrysochloris asiatica*, Fig. 6) ressemblent beaucoup aux taupes européennes (voir page ci-contre) ; elles n'appartiennent pourtant pas au même ordre : il s'agit encore et toujours d'évolution convergente.

*Fig. 7 : détail de la patte antérieure droite.*

*Fig. 8 : squelette de* Chrysochloris asiatica*. Comme on peut le voir sur une radiographie, les omoplates sont portées très haut et en avant.*

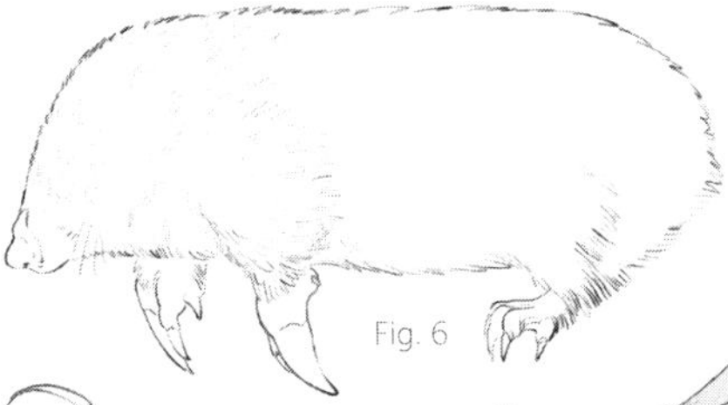

Fig. 6

Fig. 7

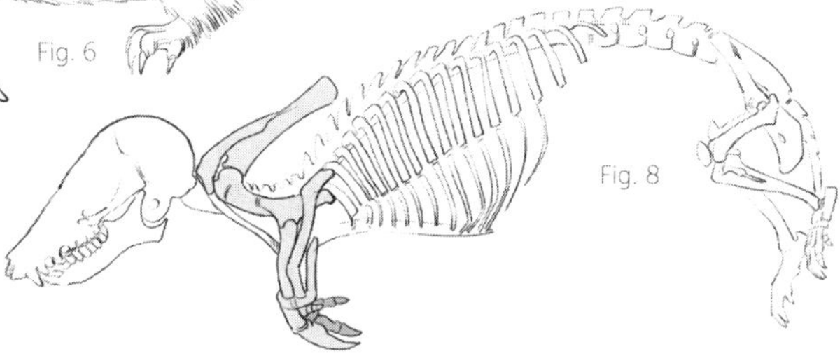

Fig. 8

Les taupes marsupiales (ici *Notoryctes typhlops*, Fig. 9) appartiennent encore à un autre ordre. Il n'y a pas de traces extérieures d'yeux. L'oreille externe est représentée par un petit trou arrondi. La poche marsupiale est tournée vers l'arrière, pour éviter que la terre n'y entre.

Fig. 10

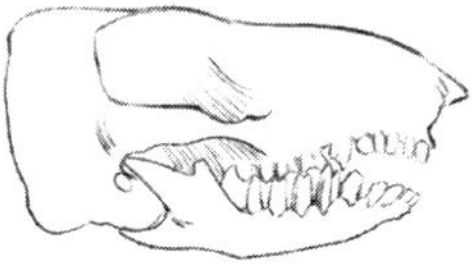

Fig. 11

Fig. 9

*Fig. 11 : crâne de la grande taupe marsupiale.*

*Fig. 10 : squelette de la grande taupe marsupiale. Les deux gros ongles arqués et comprimés des troisième et quatrième doigts de la patte avant dissimulent les ongles fins et atrophiés du pouce et de l'index.*

Mais la sélection naturelle « bricole » à partir des éléments anatomiques disponibles au sein de chaque ordre de mammifères. Le rat-taupe (*Spalax leucodon*, Fig. 1) est un rongeur muni de fortes incisives, caractère de cet ordre, et c'est avec ses dents que cet animal creuse ses galeries, les pattes lui servant à évacuer la terre. Les yeux sont entièrement recouverts par la peau.

*Fig. 2 & 3 : entre les incisives et les molaires, la peau des joues trouve la place pour se resserrer et empêcher la terre de pénétrer.*
*Fig. 4 & 5 : les antérieurs restent puissants ; notez le bras de levier que forme le cubitus (coude) en arrière.*

Fig. 6

Les zokors (ici l'*Eospalax fontanierii baileyi*, Fig. 6 & 7) appartiennent à la même famille que le rongeur précédent.

Fig. 7

*Fig. 7 : notez les rapports de proportions entre les pattes antérieures et postérieures.*

Le gaufre à poche (*Geomys bursarius*, Fig. 9) est un autre rongeur, aux abajoues impressionnantes qui servent à stocker la nourriture (Fig. 8).

Fig. 8

Fig. 9

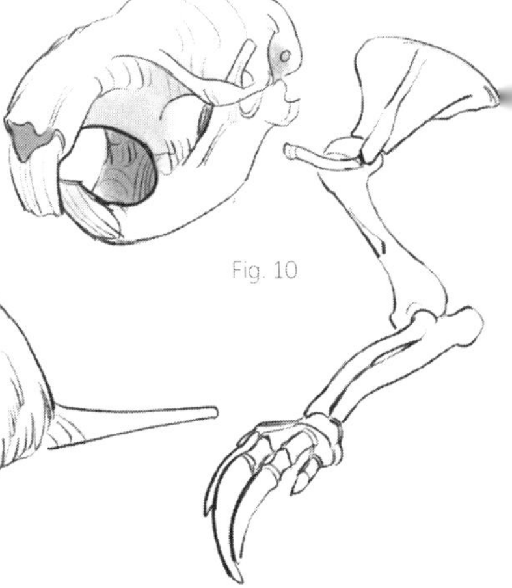

Fig. 10

*Fig. 10 : crâne et patte antérieure du gaufre à poche.*

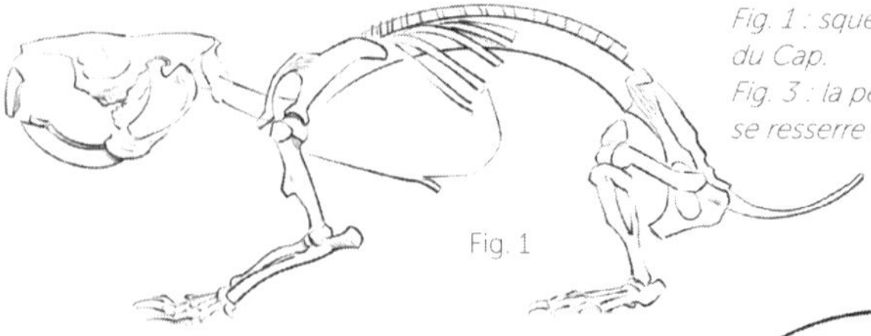
Fig. 1

*Fig. 1 : squelette du fouisseur du Cap.*
*Fig. 3 : la peau des joues se resserre en arrière des incisives.*

Le fouisseur du Cap (*Bathyergus suillus*, Fig. 2), ou rat-taupe des dunes, est également un rongeur.

Fig. 2

Fig. 3

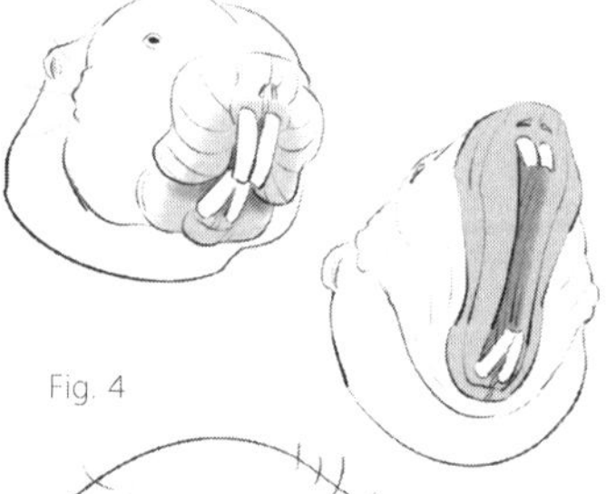
Fig. 4

Le rat-taupe nu (*Heterocephalus glaber*, Fig. 4) appartient à la même famille que le précédent. Il utilise ses grandes incisives pour forer des galeries. Ses yeux sont pratiquement atrophiés et ses oreilles minuscules se limitent à une petite ouverture qu'il peut obturer pour éviter que la terre y pénètre.

Nous pouvons distinguer les fouisseurs, que nous venons de voir, et les terrassiers. Ces derniers vivant plutôt en surface du sol qu'en profondeur, ils creusent pour se nourrir et/ou creuser leur gîte ou tanière dans le sol, parfois uniquement pour y hiberner. Nous retrouverons dans cette série un avant-train puissant aux extrémités modifiées.

*Fig. 1 : tatou géant (Priodontes maximus).*
*Fig. 2 : crâne de tatou géant.*

Fig. 2

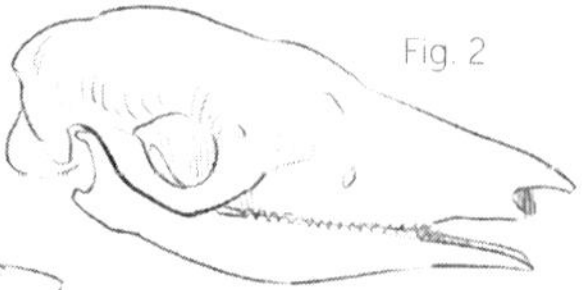

Fig. 1

*Fig. 3 : main droite de tatou géant.*

Fig. 3

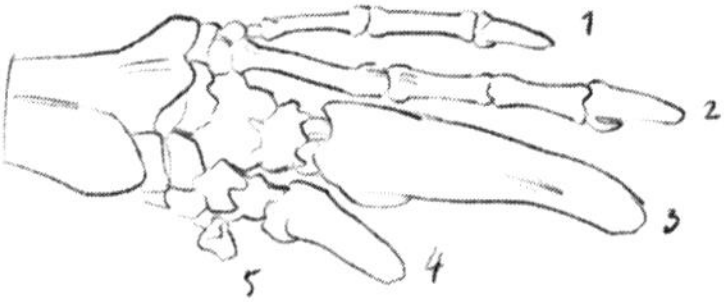


La carapace sur le dos des tatous est formée de plaques osseuses articulées recouvertes de corne. Selon les espèces, elles forment soit des ceintures successives séparées par des replis cutanés souples, comme chez le tatou géant (*Priodontes maximus*, Fig. 1), soit deux boucliers, l'un protégeant les épaules, l'autre les hanches, et séparés par des bandes d'écailles en nombre variable. Certaines espèces comme le tatou à trois bandes (*Tolypeutes matacus*, Fig. 5) peuvent s'enrouler en boule en cas de danger.

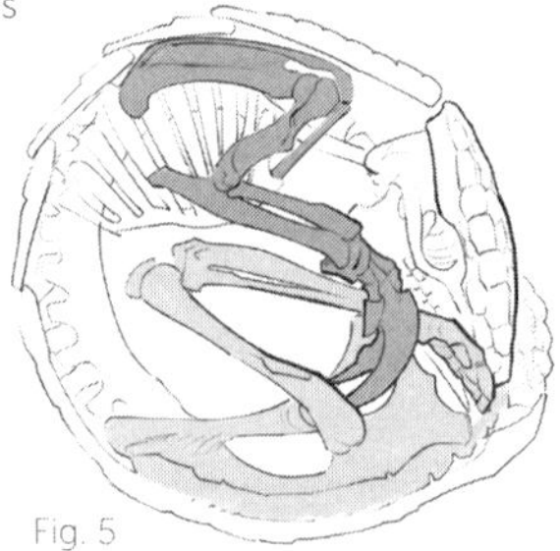

Fig. 5

Fig. 4

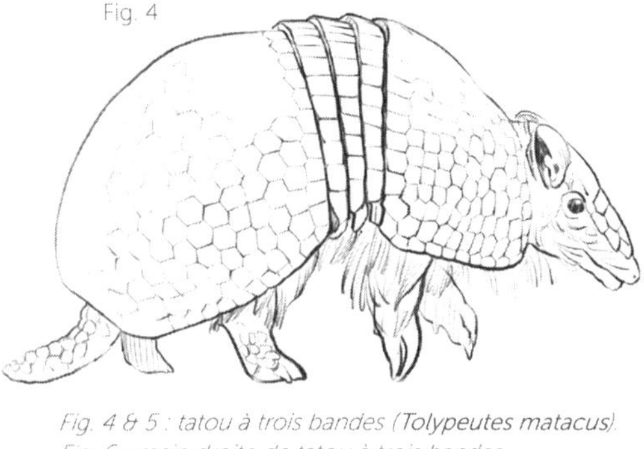

*Fig. 4 & 5 : tatou à trois bandes (Tolypeutes matacus).*
*Fig. 6 : main droite de tatou à trois bandes.*

Fig. 6

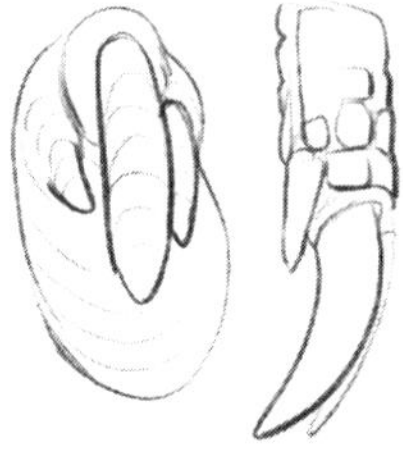

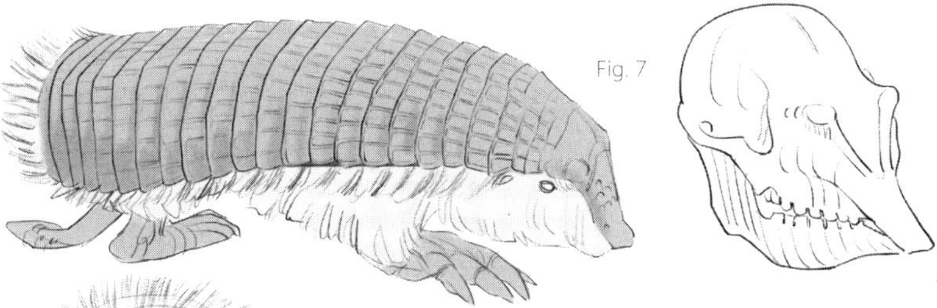

Fig. 7

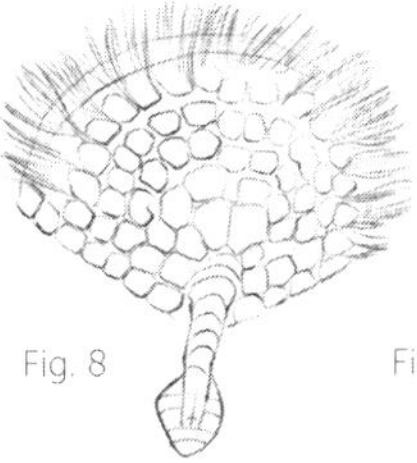

Fig. 8

Fig. 9

Le tatou tronqué (*Chlamyphorus truncatus*, Fig. 7) possède une carapace rose pâle articulée faite de 23 à 25 rangées de plaques osseuses fichées dans sa peau et couvertes d'un épiderme corné. Les membres sont tous terminés par cinq griffes. Il creuse le sol de ses pattes antérieures, en appui sur ses membres postérieurs et sa queue rigide (Fig. 8). Notez la taille de son omoplate, qui témoigne des puissances musculaires en jeu (Fig. 9).

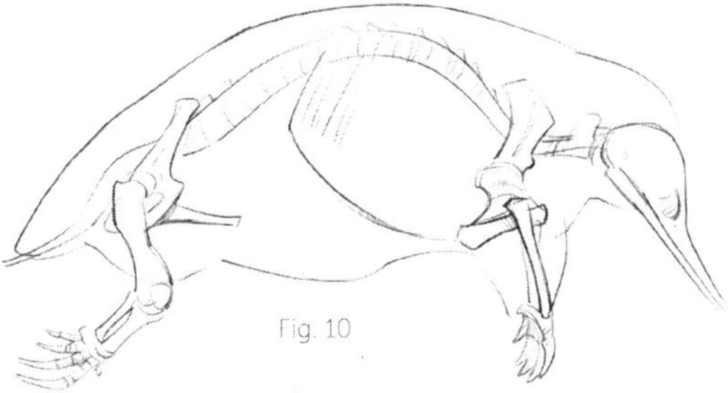

Fig. 10

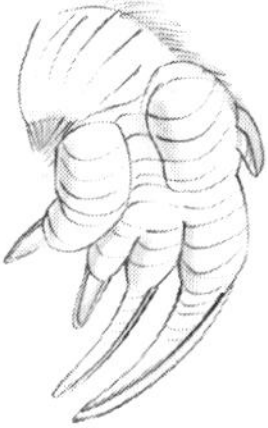

Fig. 11

Fig. 12

L'échidné australien (*Tachyglossus aculeatus*, Fig. 10) se sert de ses pattes pour s'enfouir dans le sol, n'offrant à la vue que son dos hérissé de piquants.

*Fig. 11 : patte arrière, vue plantaire.*
*Fig. 12 : patte avant, vue palmaire.*

Fig. 1

Fig. 2

Les pangolins sont des mammifères recouverts d'écailles.

*Fig. 1 : pangolin géant juvénile (**Smutsia gigantea**).*
*Fig. 2 : crâne de pangolin géant.*
*Fig. 3 : humérus gauche, de face. Notez la forte saillie osseuse pour les muscles fléchisseurs de la main et des doigts. Main et patte antérieure gauches de pangolin géant.*

Fig. 3

Le tamanoir, également nommé fourmilier géant ou grand fourmilier (*Myrmecophaga tridactyla*, Fig. 4), possède un crâne dépourvu de dents et se nourrit à l'aide de sa langue longue d'une soixantaine de centimètres. Malgré son nom d'espèce (*tridactyla*, « à trois doigts »), il possède cinq doigts à chaque patte. Il prend appui sur ses phalanges avant, à la manière des gorilles et des chimpanzés (voir p. 33).

Fig. 4

Fig. 5

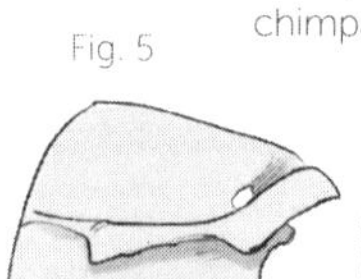

Fig. 6

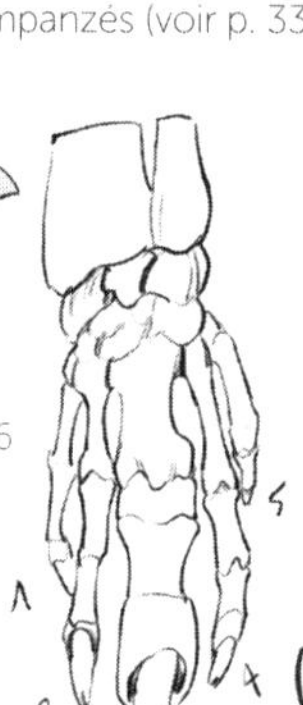


Fig. 7

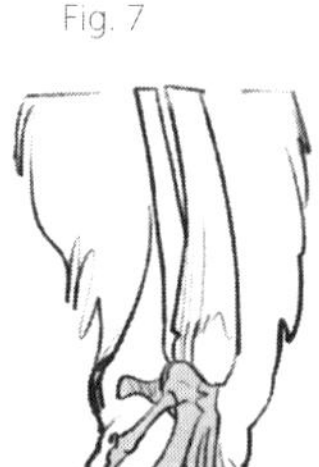

*Fig. 5 : omoplate de tamanoir. Notez les crêtes osseuses pour les puissants muscles de l'épaule.*
*Fig. 6 : squelette de la main gauche.*
*Fig. 7 : patte antérieure gauche, vue interne (d'après A. E. Brehm).*

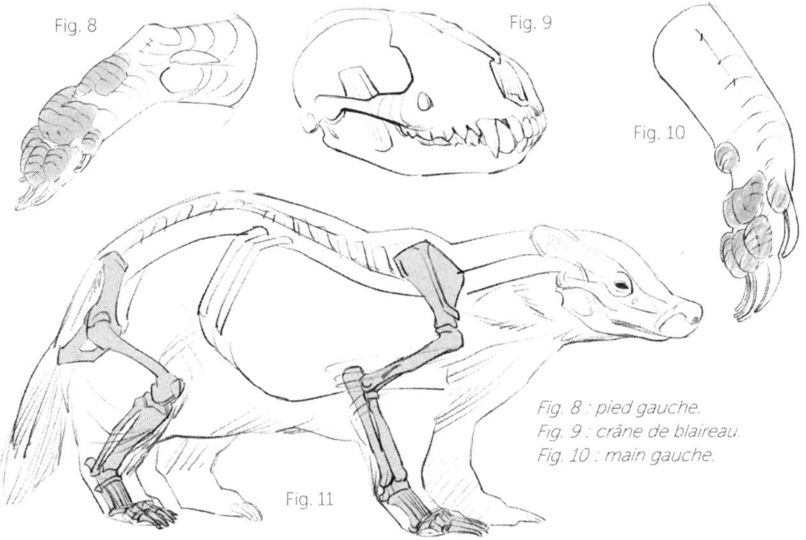


*Fig. 8 : pied gauche.*
*Fig. 9 : crâne de blaireau.*
*Fig. 10 : main gauche.*

Les puissantes griffes du blaireau (*Meles meles*, Fig. 11) font de lui un excellent terrassier.

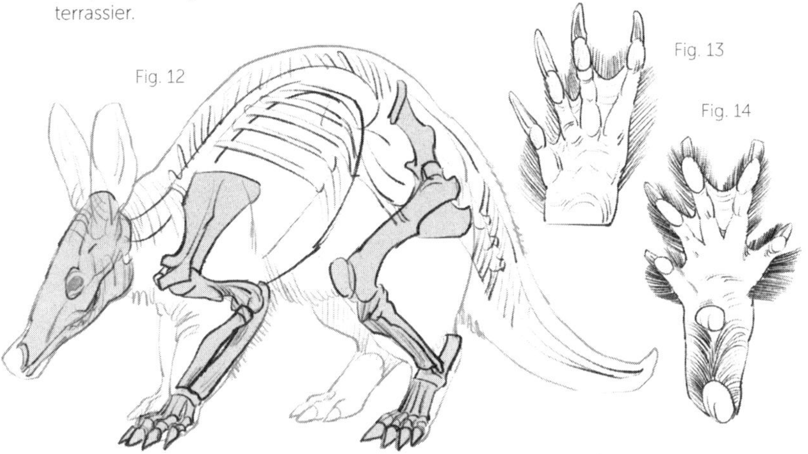


L'oryctérope (*Orycteropus afer*, Fig. 12 et double page suivante) a des extrémités pourvues de quatre doigts à l'avant (Fig. 13, vue palmaire) et cinq à l'arrière (Fig. 14, vue plantaire, d'après R. I. Pocock), armés de fortes griffes un peu aplaties et en forme de pelle lui permettant de creuser le sol ou de fouiller efficacement une termitière.

La façon la plus efficace d'aller vite est d'obtenir une longue foulée, une longue distance entre les appuis : autrement dit, se déplacer sur des échasses ! Pour cela, deux solutions se combinent chez les animaux rapides : le redressement de la patte et l'allongement des membres. Cet allongement s'accompagne parfois, comme nous le verrons plus loin (notamment p. 51), d'une simplification de l'ossature qui la rend plus légère mais lui fait perdre toutes les aptitudes autres que la locomotion.

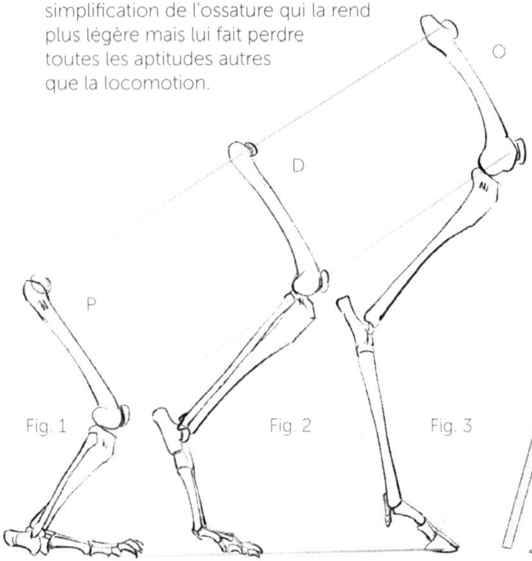


Fig. 1 Fig. 2 Fig. 3

On distingue ainsi classiquement trois grands types d'appuis.

- La plantigradie (P) consiste à poser la totalité du pied et de la main, talon compris, sur le sol. Cet ancrage donne une excellente stabilité, notamment pour les bipèdes que nous sommes. On retrouve cet appui chez d'autres espèces, ici un ours (Fig. 1).
- La digitigradie (D) correspond à notre posture sur la pointe des pieds (posture des athlètes sur 100 mètres). Le talon est donc redressé, comme chez le loup présenté ici (Fig. 2). Nous verrons pour quelles raisons le guépard détient le record de vitesse.
- L'onguligradie (O) devient la pointe des danseurs et des danseuses. Les animaux ne posent plus alors que l'ongle (sabot) sur le sol. Cette posture convient très bien aux déplacements sur terrain sec. Nous trouverons là les animaux alliant vitesse et endurance, comme la gazelle (Fig. 3).

Comme nous pouvions nous y attendre, ces trois types d'appuis ne se vérifient pas toujours… Les éléphants ont les ongles apparents et semblent se poser sur le bout des doigts. Mais si nous tenons compte des épais bourrelets de graisse présents sous leurs pieds, le transfert du poids se fait plus en arrière, sous la cheville (Fig. 6).

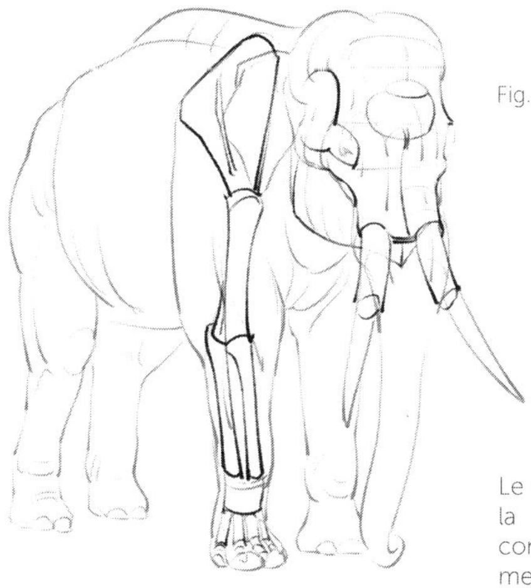

Fig. 4

*Fig. 4 : l'éléphant d'Asie (Elephas maximus).*

Le gigantisme est une solution contre la prédation, mais n'est pas sans contraintes. Sur le plan osseux, les segments de la patte avant sont complètement alignés et forment une robuste colonne. Le squelette encaisse le poids. Si vous comparez avec toutes les postures quadrupèdes de cet ouvrage, vous verrez que les membres sont d'ordinaire en flexion dynamique, même au repos.
Les éléphants sont des marcheurs endurants, leur « course » (ou leur allure la plus rapide) s'apparente à une marche rapide.

*Fig. 5 : l'éléphant de savane d'Afrique (Loxodonta africana, d'après P. P. Grassé).*

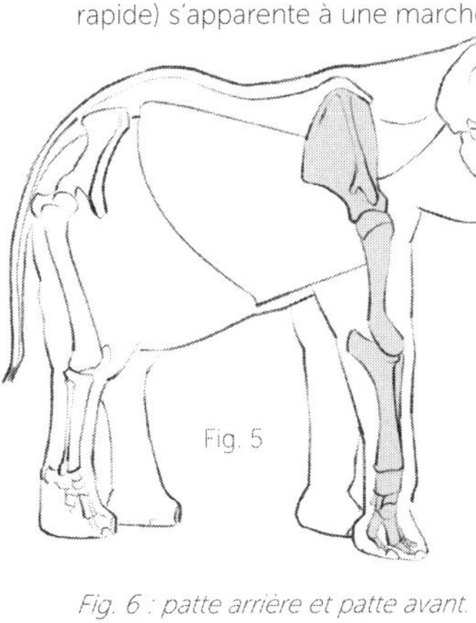

Fig. 5

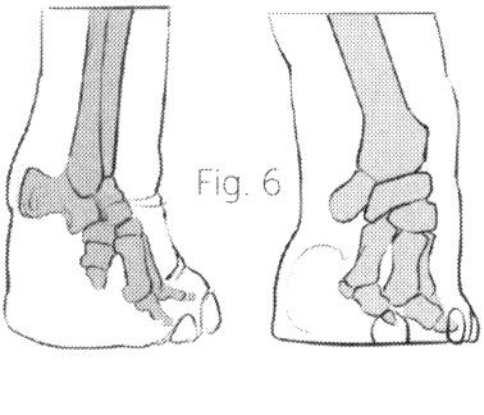

Fig. 6

Fig. 7

*Fig. 6 : patte arrière et patte avant.*
*Fig. 7 : son crâne. Les défenses sont des incisives.*

Nous autres humains (*Homo sapiens*, Fig. 1) sommes donc des bipèdes plantigrades, nous nous déplaçons avec le talon complètement posé sur le sol. Une ligne d'aplomb descend depuis le centre de notre crâne, passe en arrière des corps des vertèbres lombaires, entre le fémur et la rotule, et tombe sur le sommet de la voûte plantaire.

Notre bipédie se caractérise par plusieurs facteurs : nos mains libérées de la contrainte de la locomotion, l'équilibre du crâne sur la colonne vertébrale, la cambrure lombaire, le bassin aux ailes enveloppantes, l'alignement du fémur sur le tibia et le pied posé tout du long.

Fig. 1

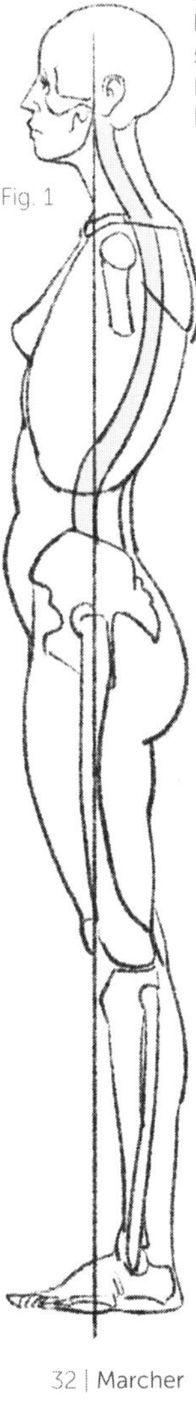

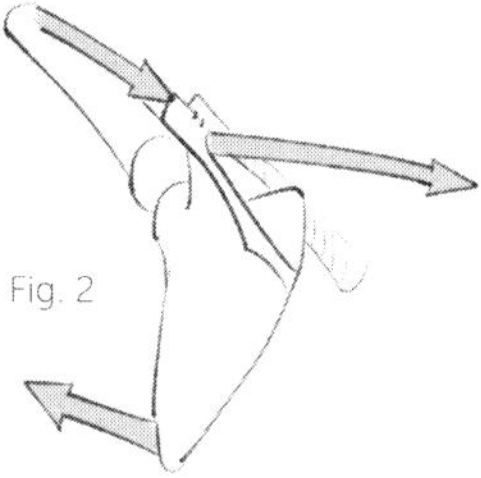

Fig. 2

Notre anatomie est adaptée à la marche, mais garde de nombreux caractères des primates arboricoles : des mains préhensiles, une grande liberté de mouvements des bras (notamment en élévation, Fig. 2), une omoplate très étirée vers le bas connectée à une clavicule qui l'oblige à pivoter.

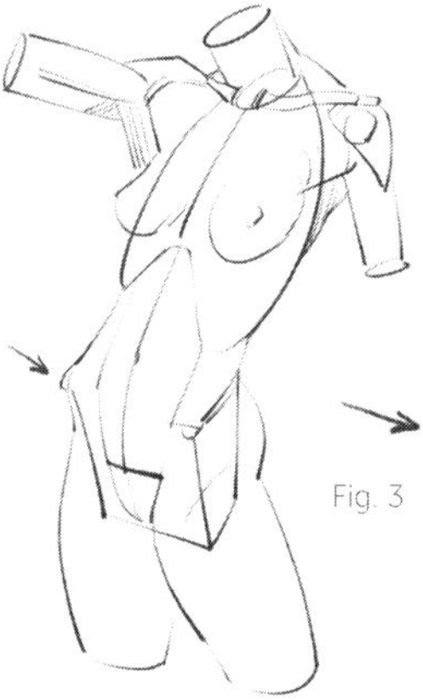

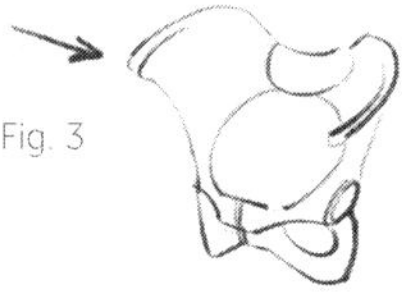

Fig. 3

*Fig. 3 : le bassin humain est étonnamment enveloppant. Les épines iliaques pointent vers l'avant (flèches). Cette proportion donne aux muscles de la région abdominale et à ceux de la cuisse une large surface d'insertion de part et d'autre de la ligne d'aplomb en station debout.*

Fig. 4

Fig. 5

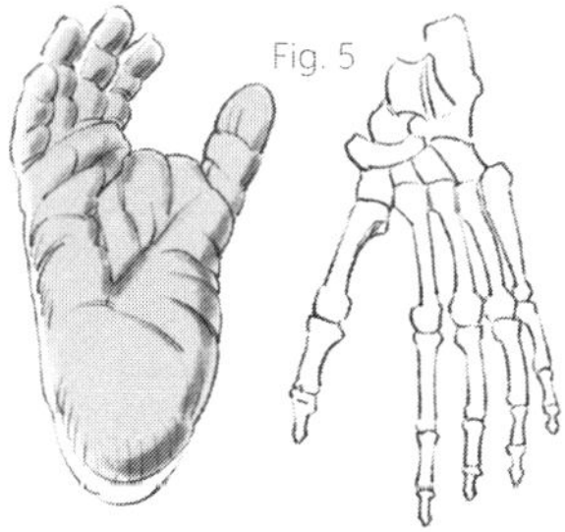

*Fig. 5 : pieds de chimpanzé.*
*Fig. 6 : crâne de chimpanzé.*

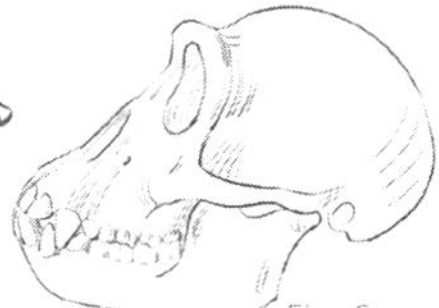

Fig. 6

Les chimpanzés (*Pan troglodytes*, Fig. 4) évoluent autant à terre que dans les arbres. Ils sont capables de bipédie lors de démonstrations de dominance, pour la vigilance et le transport d'objets.

Doté de pouces préhensiles aux mains et aux pieds, le gorille (ici *Gorilla beringei graueri*, Fig. 7) est capable de grimper aux arbres. Mais il est trop lourd une fois adulte, et passe dès lors la majorité de son temps au sol. Il prend appui sur la plante de ses pieds et sur la deuxième phalange des doigts de ses mains (Fig. 9). Il est capable occasionnellement de bipédie.

Fig. 7

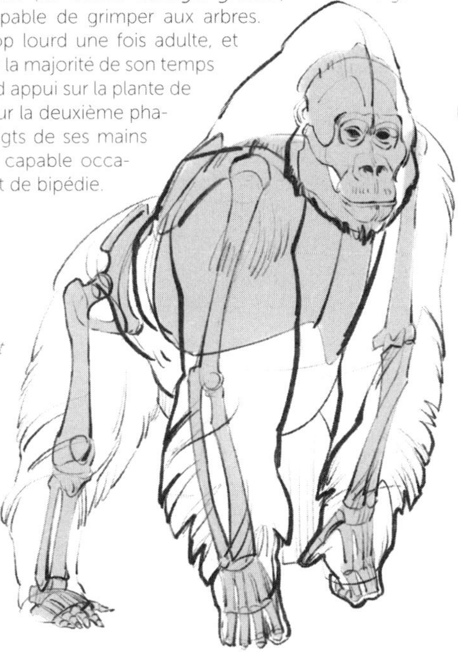

Fig. 8

*Fig. 8 : crâne d'un gorille mâle adulte.*
*Fig. 9 : épaississement de la peau sur les deuxièmes phalanges.*

Fig. 9

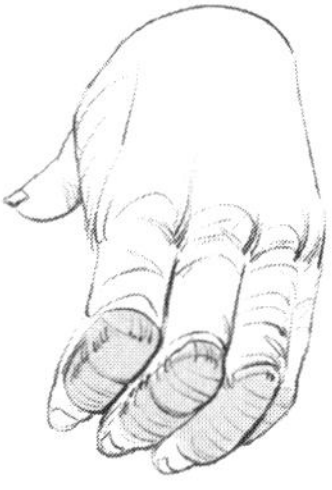

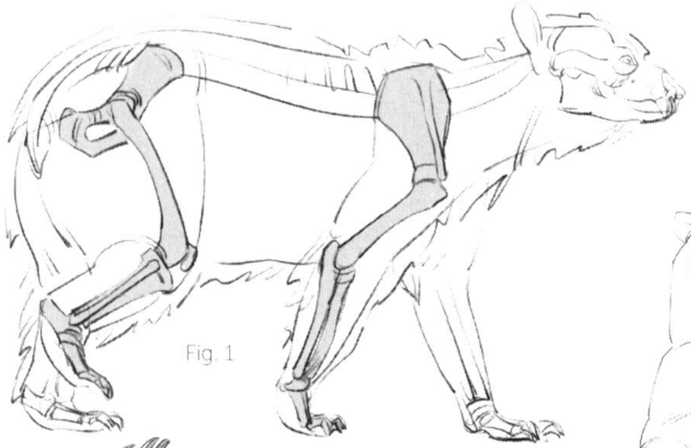

Fig. 1

*Fig. 1 : l'ours à lunettes (Tremarctos ornatus).*
*Fig. 2 : l'ours brun (Ursus arctos) et son crâne.*
*Fig. 3 : pied et mains.*

Fig. 2

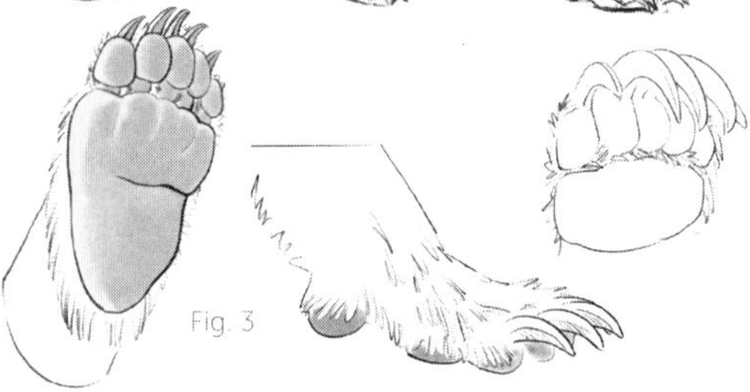

Fig. 3

Les membres de la famille des ursidés présentent de multiples aptitudes, de l'ours malais adorant grimper aux arbres à l'ours blanc qui est un excellent nageur. Ces plantigrades massifs sont dans tous les cas de grands marcheurs. Les cinq doigts de la main sont alignés et munis de fortes griffes. Les paquets adipeux amortissent les chocs et donnent une bonne adhérence.
Le panda géant (*Ailuropoda melanoleuca*, son crâne en Fig. 4) possède un caractère extrêmement singulier : le régime végétarien de cette espèce, pourtant issue d'une famille de carnivores, a favorisé la sélection de mutations touchant les os du poignet. L'un d'entre eux joue le rôle d'un « sixième doigt » opposable (Fig. 5). Le panda se trouve ainsi en possession d'une pince préhensile, bel exemple de « bricolage » évolutif.

Fig. 4

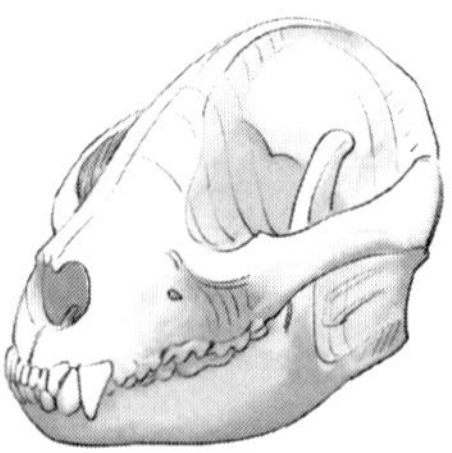

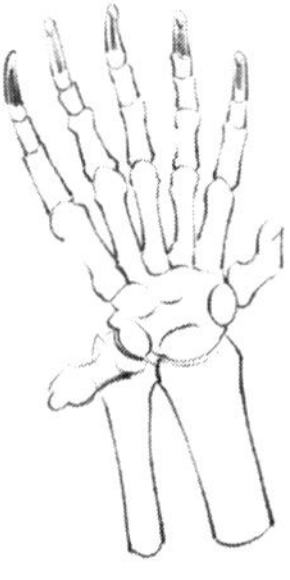


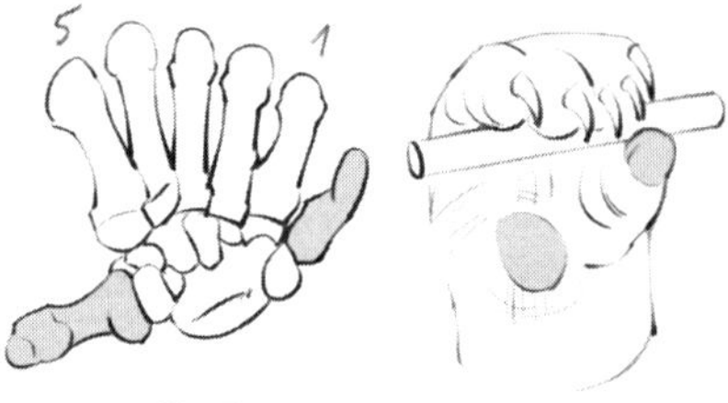


Fig. 5

L'hermine (*Mustela erminea*, Fig. 1) appartient à la famille des mustélidés, aux formes et mœurs variées. Nous avons vu le blaireau fouisseur (p. 27), nous verrons plus loin la loutre marine (p. 81). Le pelage de l'hermine mue au cours de l'année : sa fourrure brune devient blanche en hiver, ce qui la rend invisible sur la neige. Elle se redresse facilement en prenant appui sur ses talons.

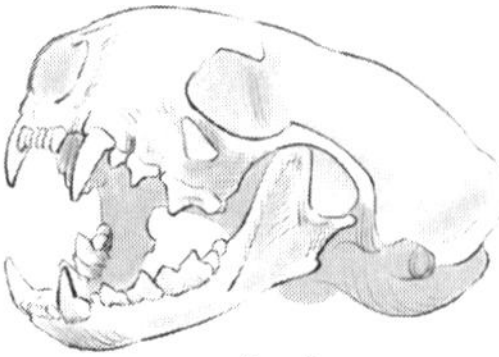

Fig. 2

*Fig. 2 : crâne d'hermine*

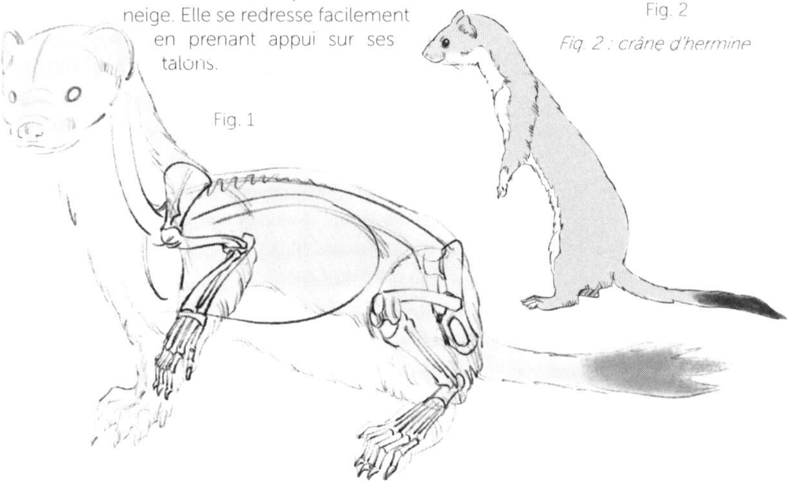

Fig. 1

La genette commune (*Genetta genetta*, Fig. 4) est une excellente grimpeuse, qui chasse essentiellement à terre. Ce viverridé a l'art de se faufiler silencieusement ; sa posture combine alors la plantigradie à l'avant et la digitigradie à l'arrière.

*Fig. 3 : crâne de genette.*

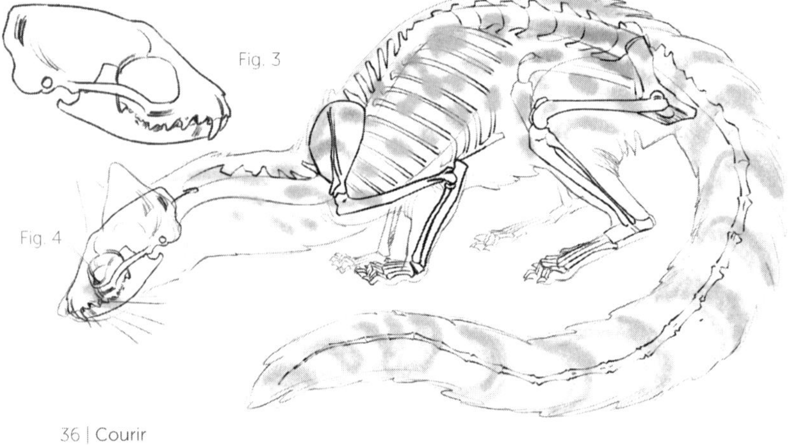

Fig. 3

Fig. 4

Le loup (*Canis lupus*, Fig. 5) est à l'origine de toutes les races de chien.

Fig. 5

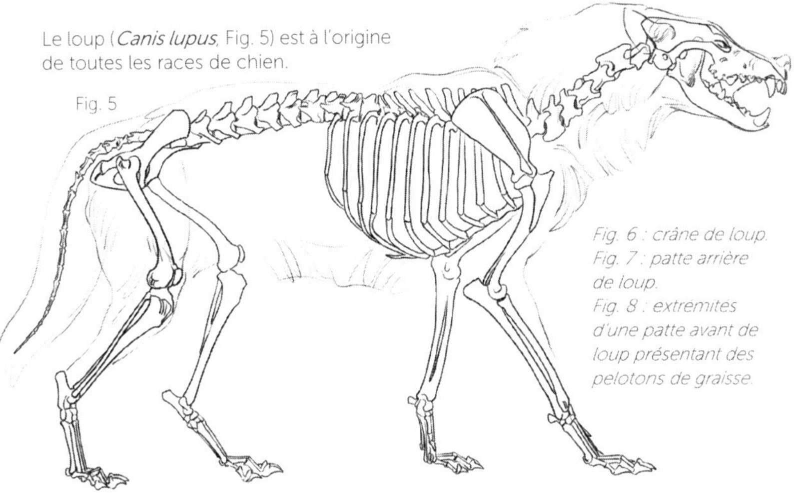

*Fig. 6 : crâne de loup.*
*Fig. 7 : patte arrière de loup.*
*Fig. 8 : extrémités d'une patte avant de loup présentant des pelotons de graisse.*

Fig. 6

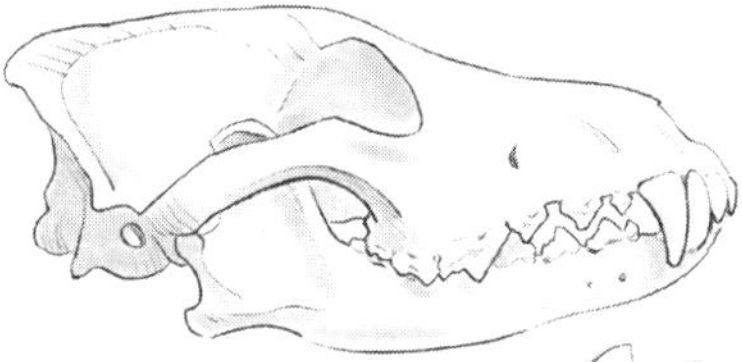

Fig. 7

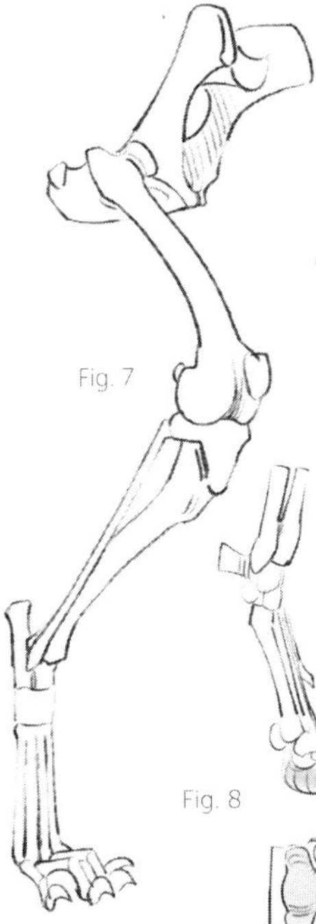

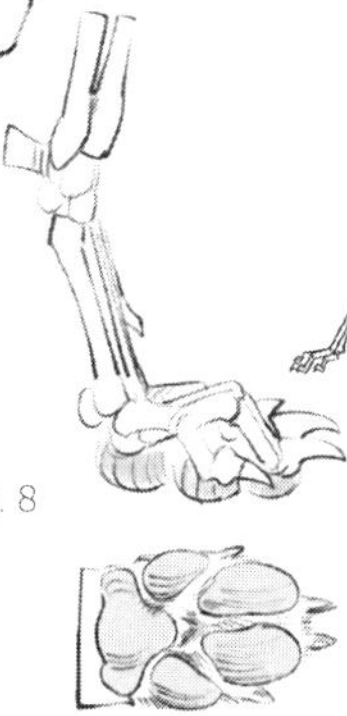

Fig. 8

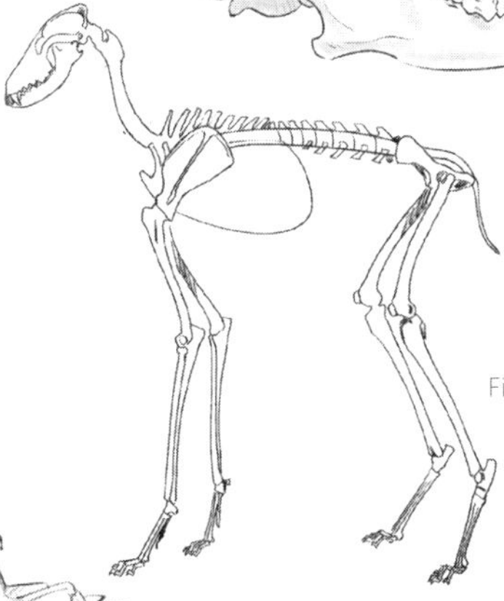

Fig. 9

*Fig. 9 : l'élégant loup à crinière (*Chrysocyon brachyurus*) est un autre canidé dont les proportions favorisent encore davantage la course.*

Sur cette double page sont présentés des félidés. Le félin type est un chasseur à l'affût (tigré, tacheté) capable de bondir, de grimper aux arbres, armé de mâchoires meurtrières et de griffes rétractiles toujours acérées.

Fig. 1

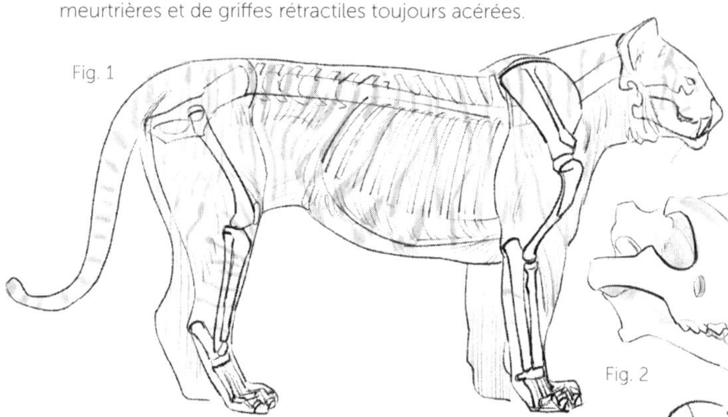

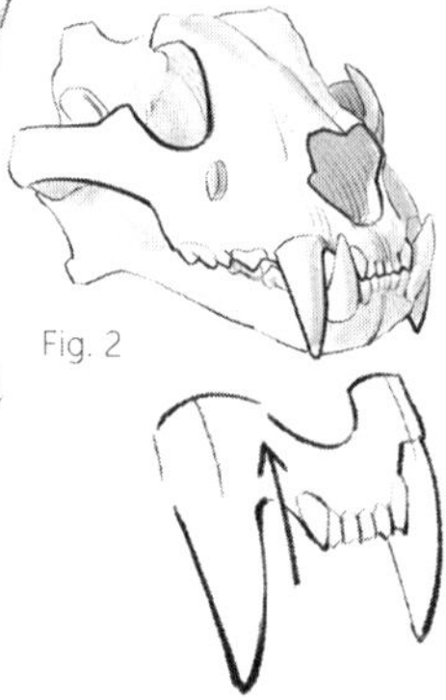

Fig. 2

*Fig. 1 : le tigre (**Panthera tigris**).*
*Fig. 2 : crâne de tigre et schéma de l'encoche réservée à la canine inférieure.*

Contrairement aux autres fauves, plutôt solitaires, la lionne (*Panthera leo*, Fig. 3, d'après W. Ellenberger) vit et chasse en groupe.

Fig. 3

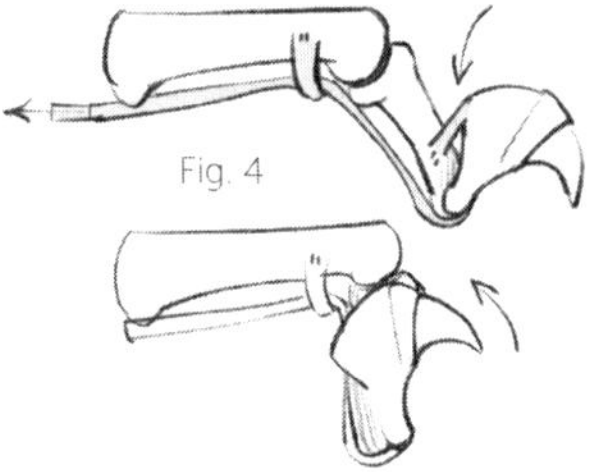

Fig. 4

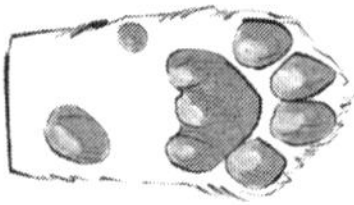

Fig. 5

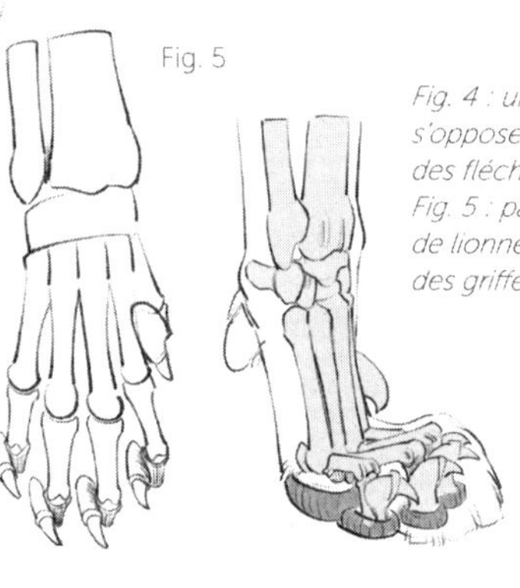

*Fig. 4 : un ligament élastique s'oppose au tendon des fléchisseurs.*
*Fig. 5 : patte antérieure de lionne. Notez la position des griffes.*

Le chat sauvage d'Afrique (*Felis silvestris lybica*, Fig. 6), sous-espèce du chat sauvage (*Felis silvestris*), pourrait être l'ancêtre de nos chats domestiques. La mâchoire raccourcie en tenaille des félins ne peut effectuer que des mouvements verticaux. Les dents en nombre réduit, très spécialisées, poignardent (canines) et cisaillent (carnassières).

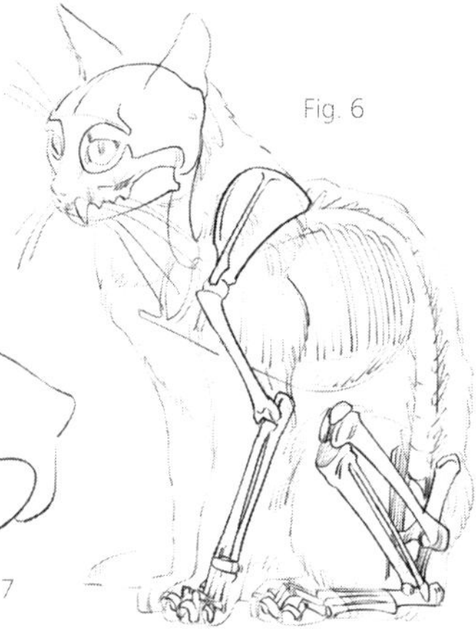

Fig. 6

*Fig. 7 : crâne de chat.*

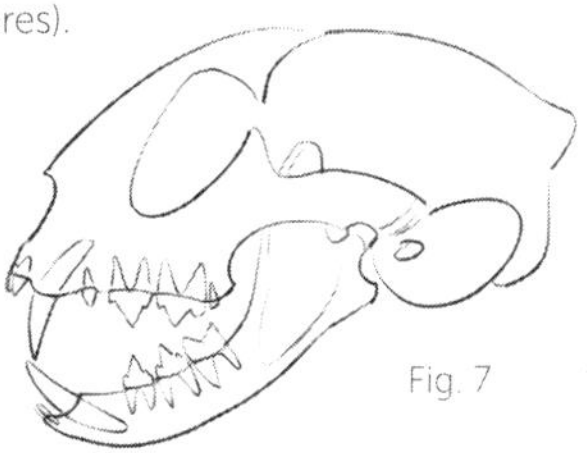

Fig. 7

Le guépard (*Acinonyx jubatus*, Fig. 8) est un félin atypique. Ce qu'il perd en puissance musculaire (et donc en poids), il le gagne en rapidité. Ses griffes ne sont plus rétractiles, il étouffe ses proies à l'issue d'une course de sprinteur. Ses longues pattes, l'absence de clavicule et une grande souplesse de la colonne vertébrale (si cet animal se plie en deux en courant, c'est que son régime carnivore strict lui permet d'avoir un abdomen peu volumineux) lui permettent de rivaliser à la course avec des gazelles, sur de courtes distances.

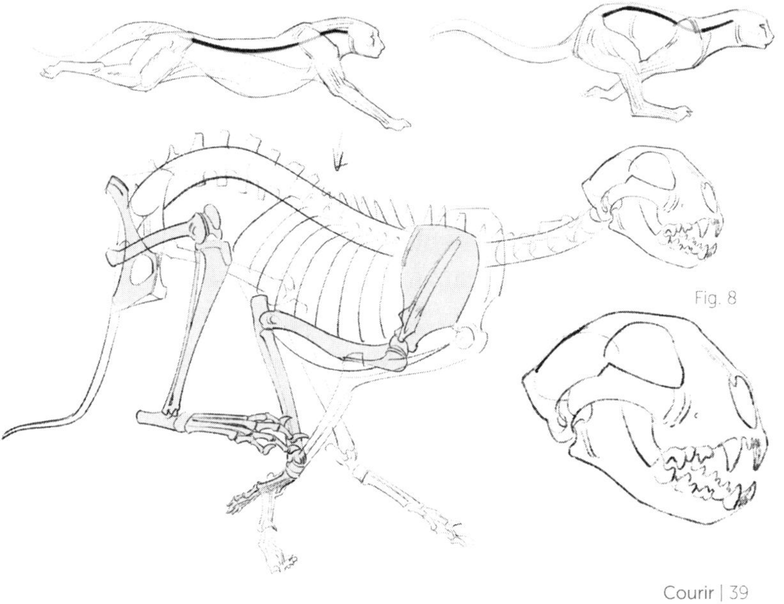

Fig. 8

On observe dans de nombreux cas une réduction du nombre des doigts à la main comme au pied (voir p. 30).
On s'intéresse alors chez les ongulés (mammifères à sabots) à la répartition du poids sur ces extrémités. Le poids passe sur l'axe du troisième doigt chez les périssodactyles, entre les deuxième et troisième doigts chez les artiodactyles.

Fig. 1

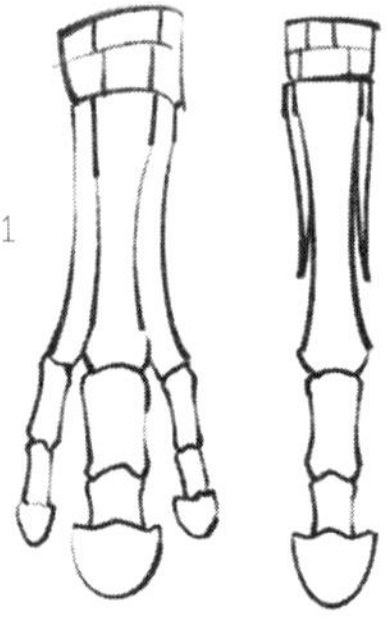

*Fig. 1 : membres de périssodactyles*
*Le rhinocéros (dessin de gauche) possède trois doigts, les doigts I et V (pouce et petit doigt) ayant disparu. Les équidés (famille à laquelle appartiennent les chevaux) n'en ont plus qu'un (doigts II et IV vestigiaux).*

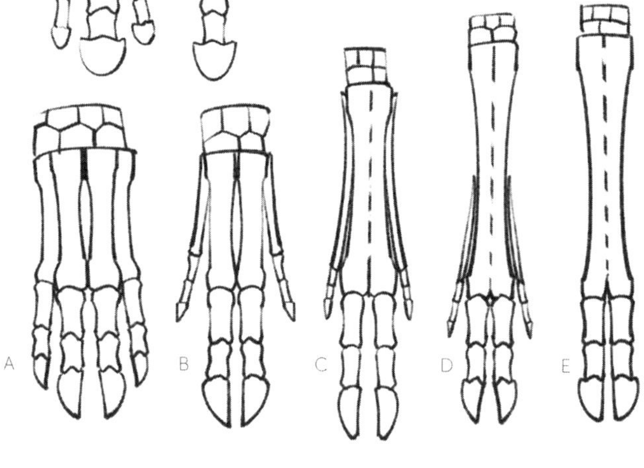


Fig. 2

*Fig. 2 : membres d'artiodactyles. Hippopotame (A), sanglier (B), chevrotain (C), cerf (D), buffle (E).*
*Les quatre doigts de l'hippopotame se posent sur le sol (le pouce a disparu). Dans cette série de dessins, les doigts latéraux se réduisent jusqu'à disparaître. Les deux métas principaux finissent par se souder (traits pointillés) pour former un os unique (os canon).*

Nombreuses sont les espèces qui ne possèdent pas le même nombre de doigts aux pattes arrière et aux pattes avant. Le chat, comme tous les félins, a bien ses cinq doigts à l'avant mais n'en a plus que quatre à l'arrière. On retrouve cette réduction à l'arrière chez de nombreux coureurs (par exemple le loup, p. 37) et inversement une réduction plus marquée sur les antérieurs chez plusieurs grimpeurs (le paresseux à deux doigts, p. 69).

Les tapirs, eux, ont quatre doigts à l'avant pour trois à l'arrière. Le majeur de la main du tapir est plus robuste, l'appui se faisant sur son axe ; cela fait de lui un périssodactyle malgré un nombre pair de doigts.

Fig. 3

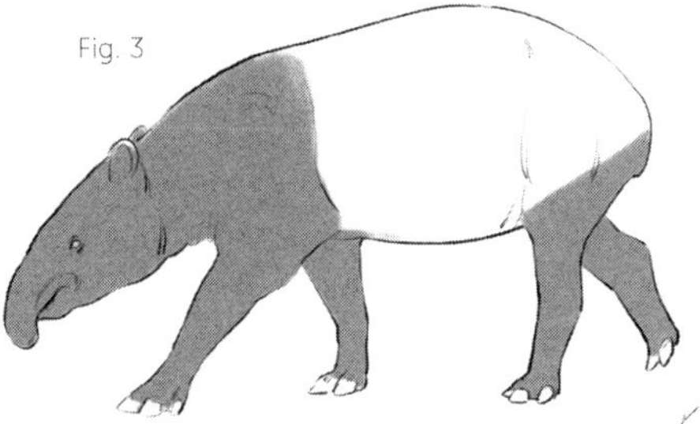

*Fig. 3 : tapir de Malaisie (**Tapirus indicus**).*
*Fig. 4 : la main droite. Notez le bourrelet graisseux (partie grisée).*

Fig. 4

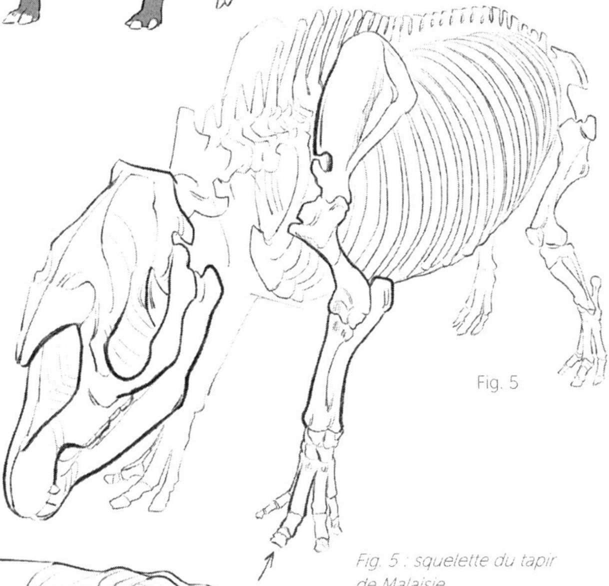

Fig. 5

*Fig. 5 : squelette du tapir de Malaisie.*

Fig. 6

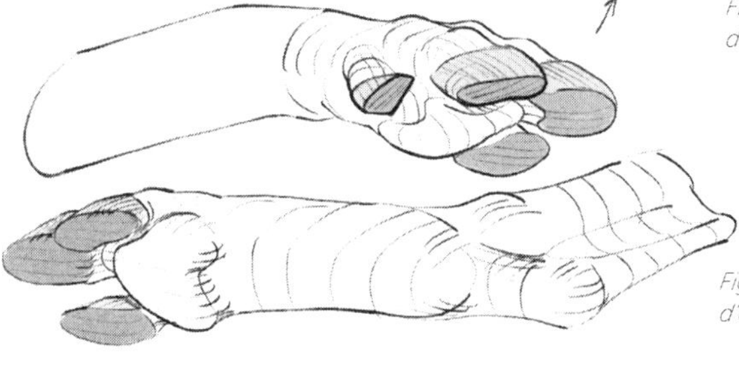

*Fig. 6 : main et pied vus d'en dessous.*

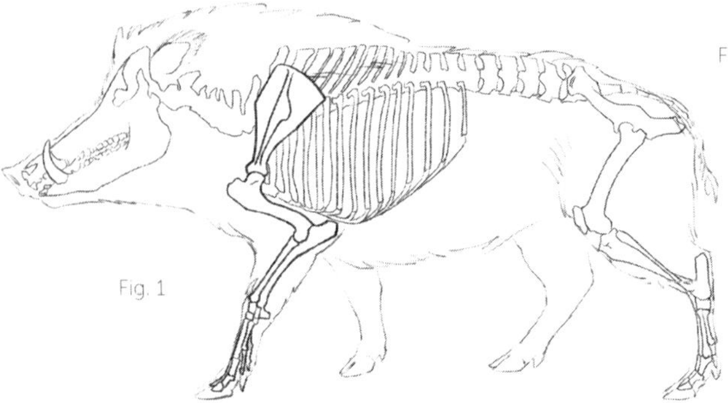

Fig. 1

Fig. 2

Les suidés sont des artiodactyles dont les pattes ont quatre onglons. Le porc (ou cochon) est issu de la domestication du sanglier (*Sus scrofa*, Fig. 1 d'après Pales et Garcia), un omnivore à l'avant-train puissant, au cou massif et à la tête conique. Ses canines inférieures, à croissance continue, sont développées en défenses et s'aiguisent au contact des supérieures.

*Fig. 2 : patte de sanglier. Le sabot « fendu », soutenu par les deux doigts, peut s'écarter ; avec l'aide des deux onglons calés sur les vestiges de doigts, l'ensemble évite à l'animal de s'enliser dans des sols trop mous.*

Le phacochère commun (*Phacochoerus africanus*, Fig. 3) a deux défenses (le mâle comme la femelle) dirigées vers le haut, atteignant 60 centimètres chez les vieux individus. Elles lui servent à déterrer des racines ou des bulbes, et aussi à se défendre contre ses prédateurs auxquels il échappe le plus souvent grâce à ses qualités de coureur.
Le mâle babiroussa (*Babyrousa babyrussa*, Fig. 4 d'après Guillemard) a les canines de la mâchoire supérieure qui poussent vers le haut, perçant la peau et se recourbant vers l'arrière jusqu'à pénétrer dans la peau du crâne.

Fig. 3

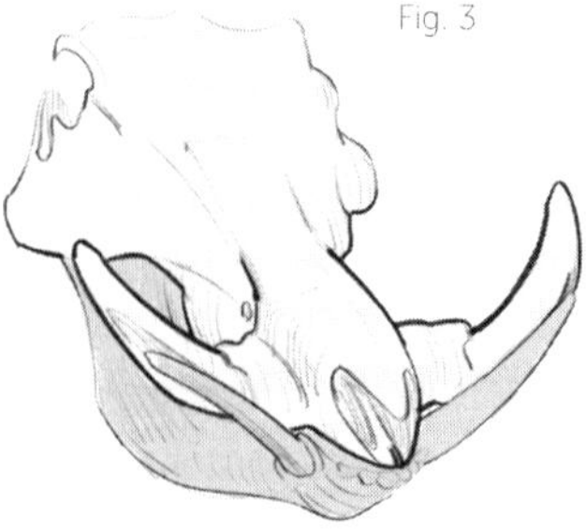

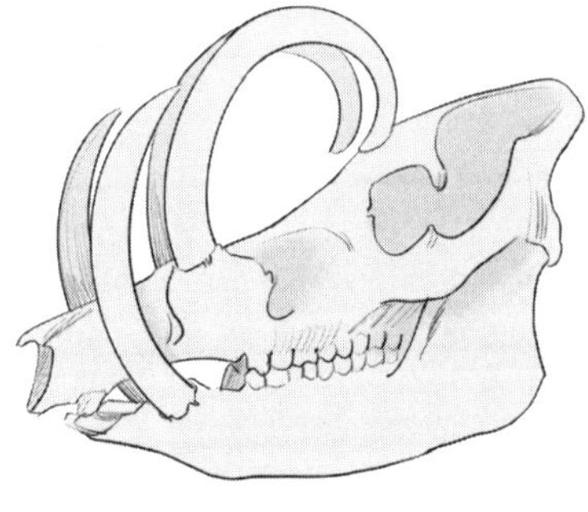

Fig. 4

Le cerf élaphe (*Cervus elaphus*, Fig. 5 & 7) est un artiodactyle ruminant, qui à ce titre partage des caractères avec les bovidés (voir pages suivantes). Ces animaux prennent appui sur deux doigts articulés sur deux métas fusionnés (Fig. 8, partie grisée). Leur crâne ne possède pas d'incisive sur la mâchoire supérieure ; il se dessine avec un long intervalle sans dents entre les incisives inférieures d'un côté et les prémolaires de l'autre (la barre).

*Fig. 5 : les cervidés mâles (mais également les rennes femelles) portent des bois qui tombent et repoussent chaque année.*
*Fig. 6 : phases annuelles de croissance des bois (d'après l'encyclopédie* Nordisk familjebok*).*

Fig. 5

Fig. 6

Fig. 7

*Fig. 8 : métas soudés (partie grisée) sur une patte postérieure de biche.*
*Fig. 9 : crâne de biche.*

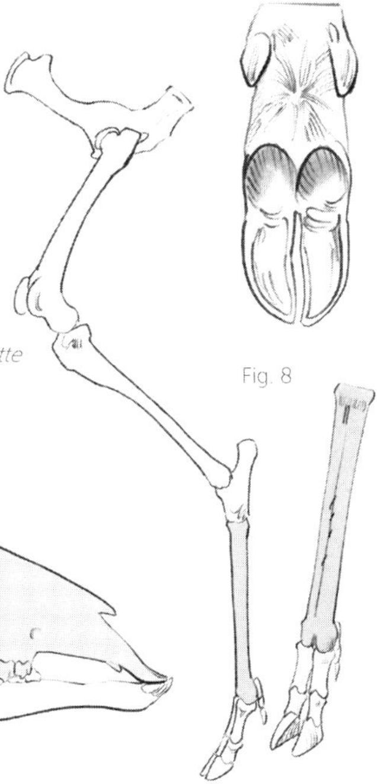
Fig. 8

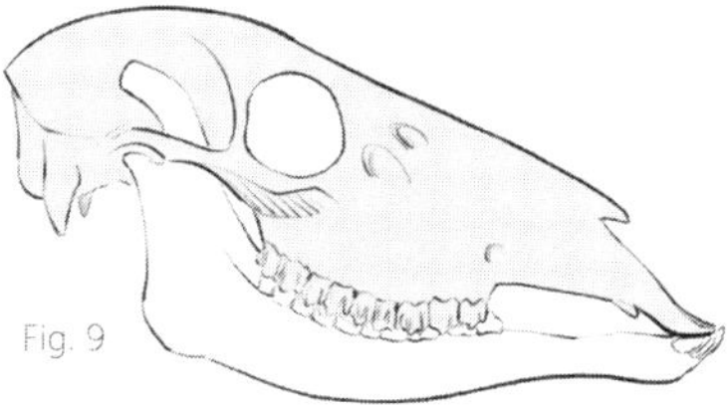
Fig. 9

La classification des bovidés (famille de mammifères artiodactyles ruminants) est assez complexe. On y trouve de très nombreuses espèces dont le regroupement en sous-familles fait débat au sein de la communauté scientifique.
Pour simplifier, nous dirons que l'on y trouve les bovinés (vaches domestiques, bison de la Fig. 1, par exemple), les caprinés (chèvres, moutons) et les animaux communément appelés antilopes.

Fig. 1

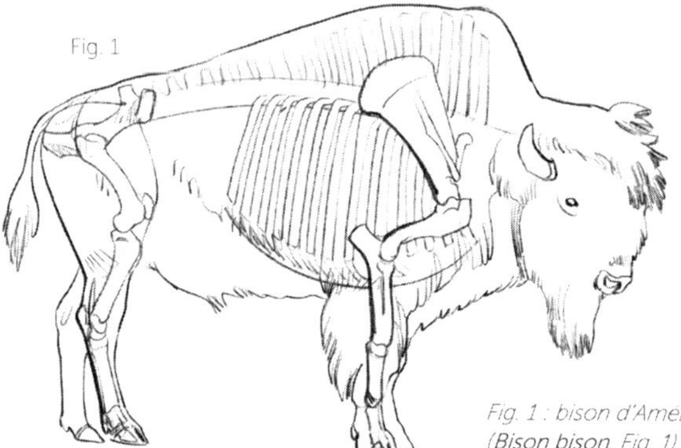

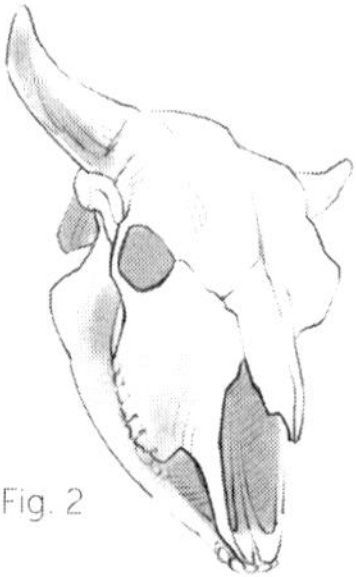

Fig. 2

*Fig. 1 : bison d'Amérique du Nord (**Bison bison**, Fig. 1).*
*Fig. 2 : crâne de bison.*

*Fig. 3 : patte antérieure de bovin, de face et de profil.*
*Fig. 4 : l'antilope ourébi (**Ourebia ourebi**). « Antilope » est un terme du langage commun qui ne désigne pas un groupe taxonomique naturel au sens scientifique.*

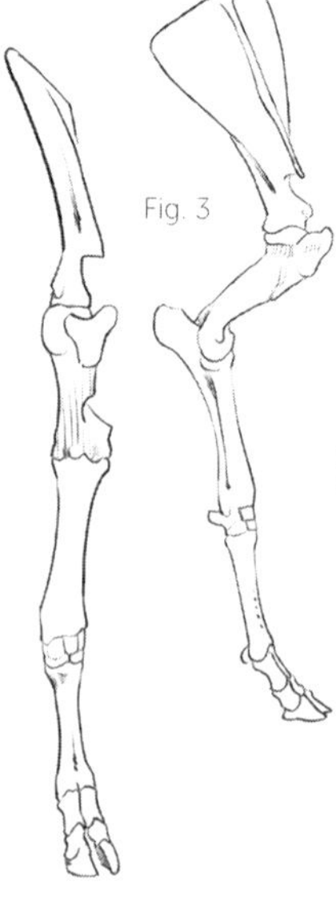

Fig. 3

L'antilope nilgaut (***Boselaphus tragocamelus***) de la page de droite est un boviné.

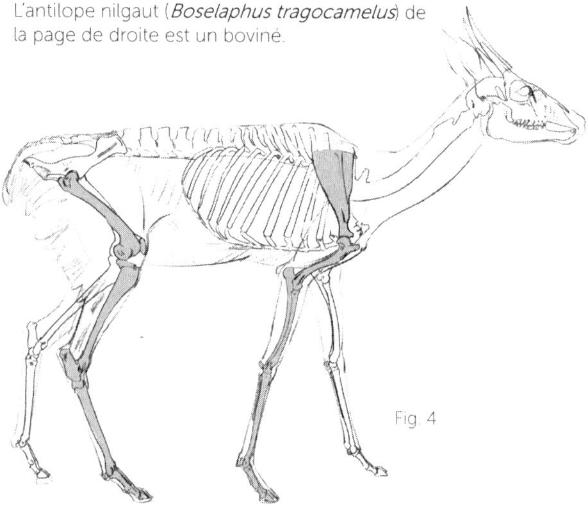

Fig. 4

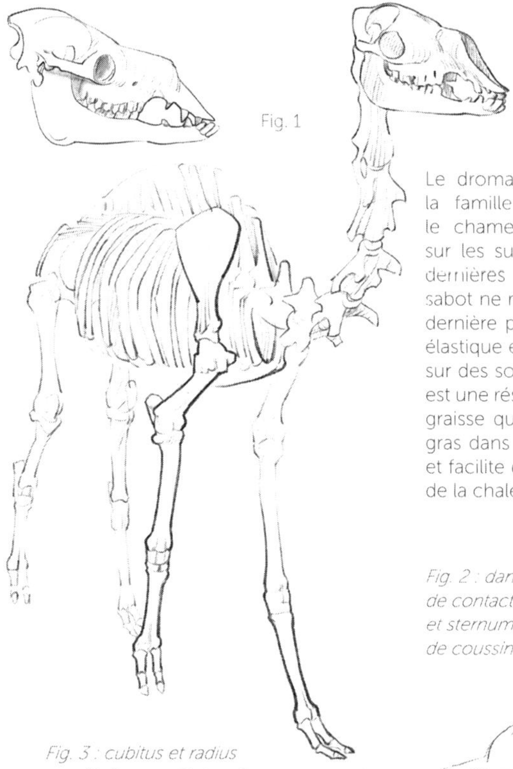

Fig. 1

*Fig. 1 : crâne et squelette de dromadaire (**Camelus dromedarius**).*

Le dromadaire est un ruminant de la famille des camélidés (comme le chameau, le lama…). Il marche sur les surfaces plantaires des deux dernières phalanges (digitigrade), le sabot ne recouvrant que l'avant de la dernière phalange. Son pied large et élastique est bien adapté à la marche sur des sols sableux (Fig. 5). La bosse est une réserve d'énergie, un amas de graisse qui évite la dissémination du gras dans les autres parties du corps et facilite donc la dissipation cutanée de la chaleur.

*Fig. 2 : dans cette position, les zones de contact avec le sol (genoux, poignets et sternum) sont recouvertes de coussinets cornés.*

Fig. 2

*Fig. 3 : cubitus et radius soudés (vue postérieure).*
*Fig. 4 : deux métas soudés (vue antérieure).*

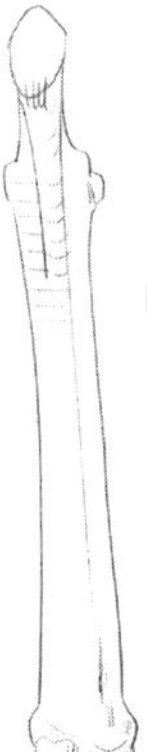

Fig. 3

Fig. 4

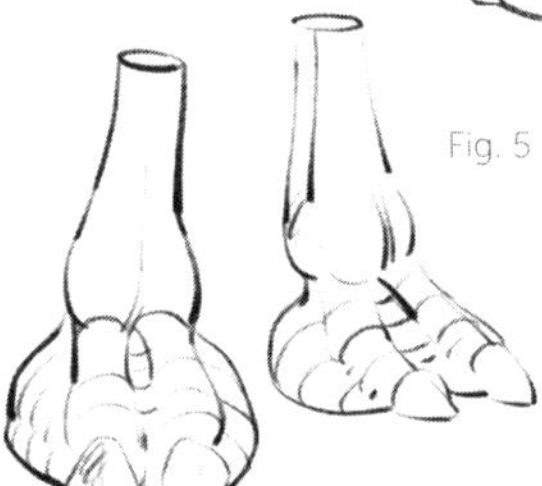

Fig. 5

*Fig. 5 : large appui sur les phalanges, reliées par un épais coussin de graisse.*

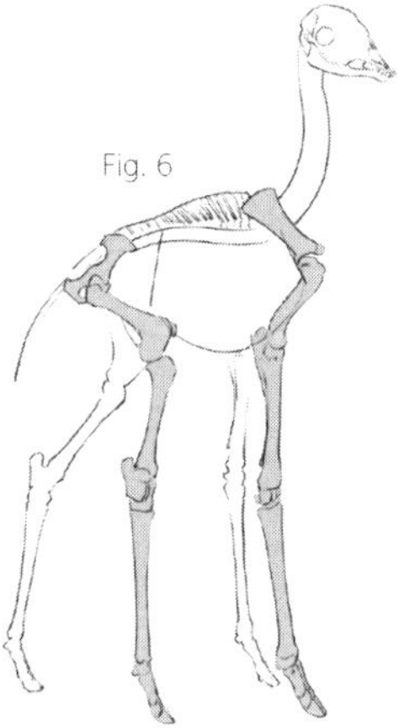

Fig. 6

*Fig. 7 : crâne de girafe (Giraffa camelopardalis). Il s'agit d'un artiodactyle ongulé ruminant dont la tête porte deux ossicônes, des appendices osseux recouverts de peau.*

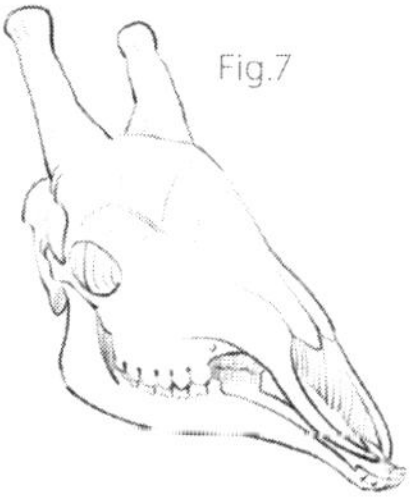

Fig.7

*Fig. 6 & 9 : girafons. Les proportions des jeunes herbivores, proies potentielles, témoignent du fait qu'il est vital pour eux de se mettre debout rapidement pour emboîter le pas de leur mère.*

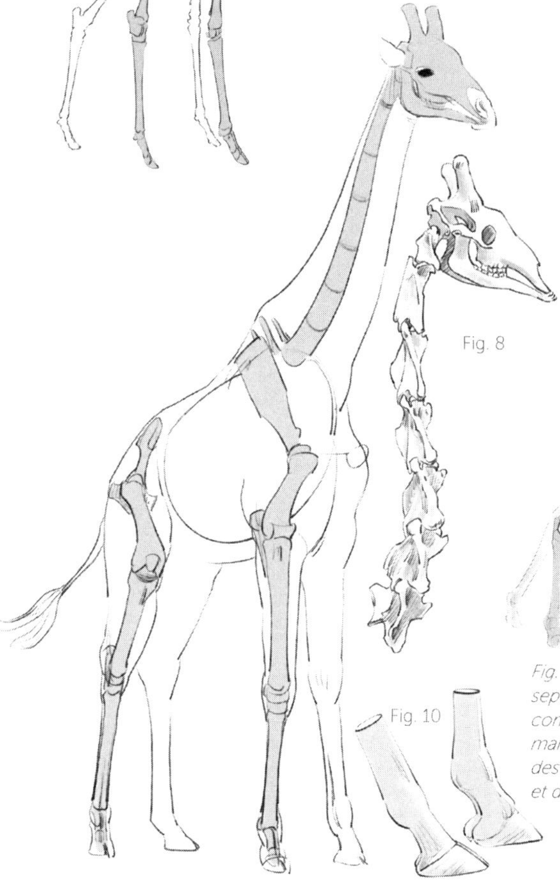

Fig. 8

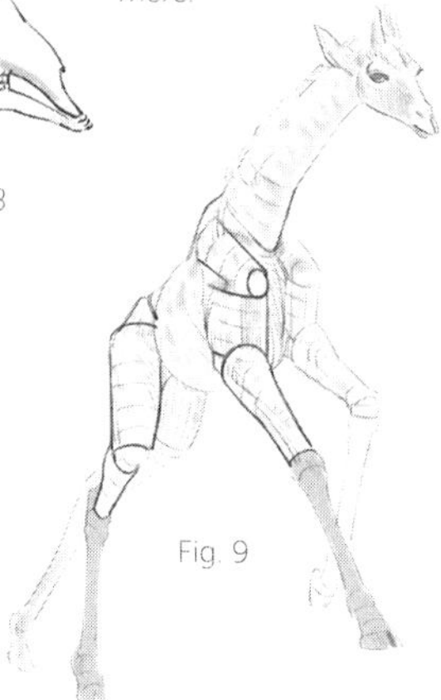

Fig. 9

*Fig. 8 : le cou comporte sept vertèbres cervicales, comme celui des autres mammifères (à l'exception des lamantins et des paresseux).*

Fig. 10

*Fig. 10 : « sabot fendu » supporté par deux doigts.*

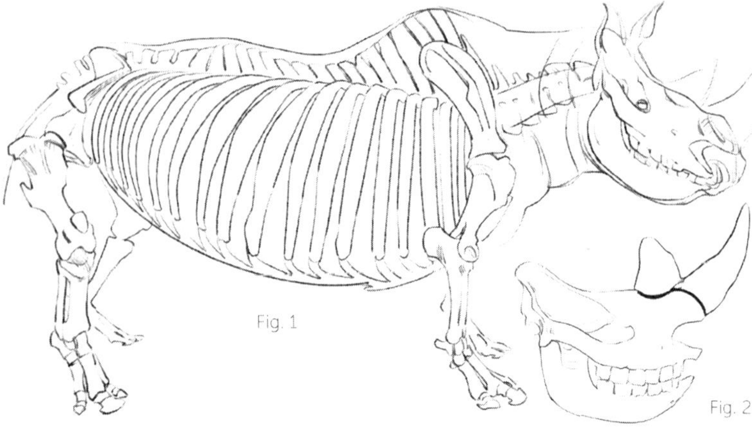

Fig. 1

Fig. 2

*Fig. 1 : squelette d'un rhinocéros noir (**Diceros bicornis**).*
*Fig. 2 : les rhinocéros portent, selon les espèces, une ou deux cornes posées au-dessus de la fosse nasale. Elles sont formées de kératine seule.*
*Fig. 3 : le rhinocéros noir ne broute pas l'herbe, il saisit sa nourriture constituée de branchages grâce à sa lèvre supérieure, mobile comme un doigt.*

Fig. 3

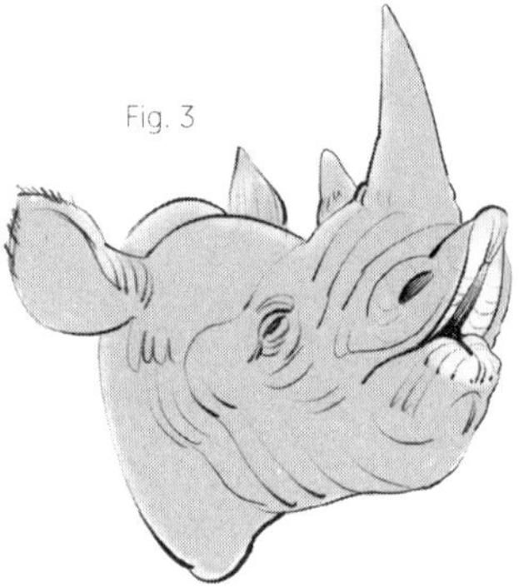

Les rhinocéros ont trois doigts (périssodactyles, Fig. 4 & 5).

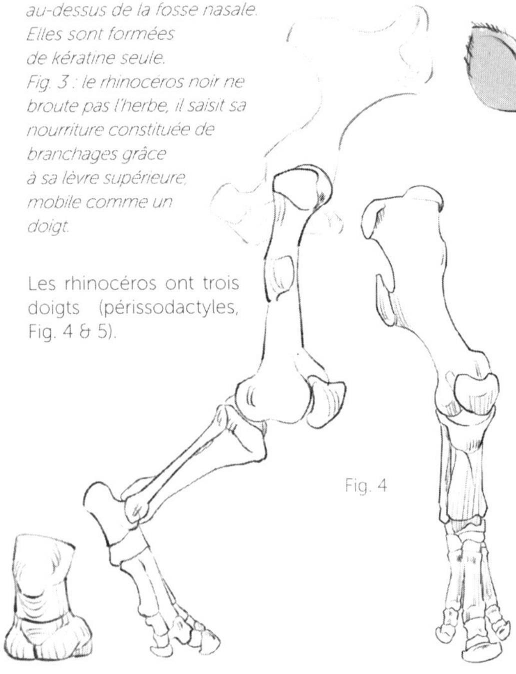

Fig. 4

*Fig. 4 & 5 : squelettes de pattes arrière droites et pieds de rhinocéros.*

Fig. 5

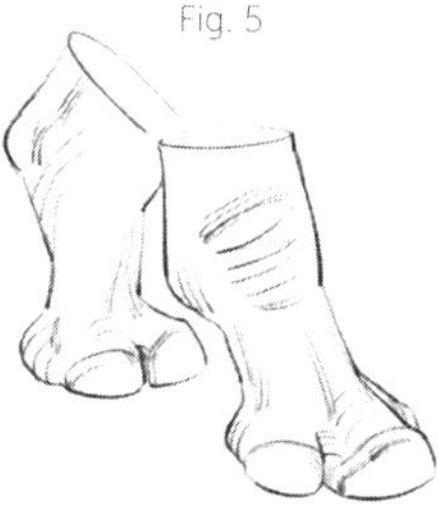

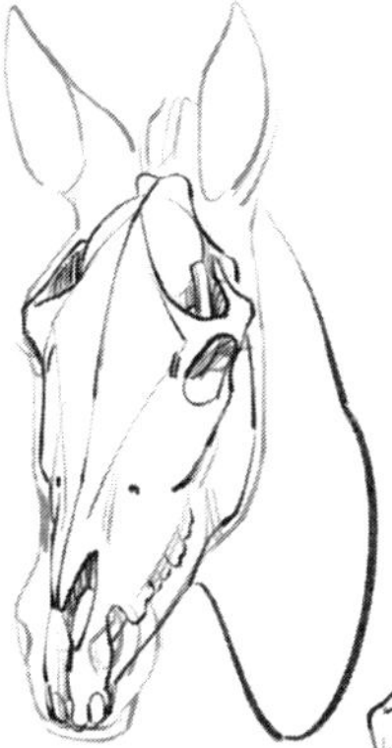

*Fig. 6 : l'hémione (**Equus hemionus hemionus**), onagre ou âne sauvage de Mongolie, est un équidé. Ces animaux n'ont plus qu'un seul doigt (ce sont des périssodactyles, comme les rhinocéros et le tapir vu p. 43).*
*On observe cependant, de chaque côté du méta central, un vestige de méta latéral (Fig. 9, partie grisée), trace des doigts perdus. La dernière phalange de ce pied droit se glisse dans l'étui corné du sabot et se cale sur un amas de tissu élastique, le coussinet plantaire.*

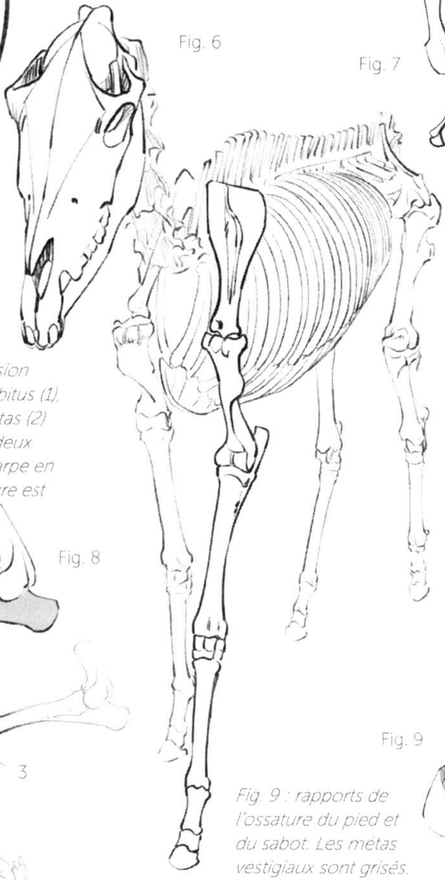

Fig. 6

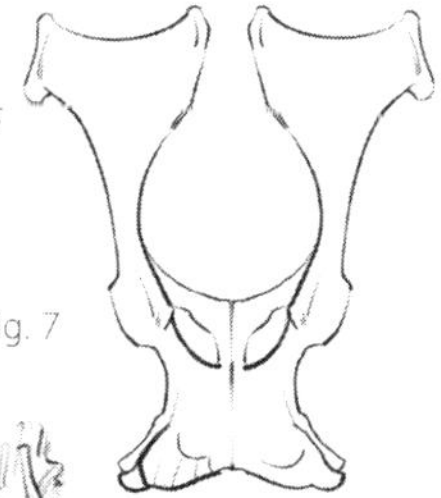

Fig. 7

*Fig. 7 : bassin vu de dos.*

*Fig. 8 : notez la fusion du radius et du cubitus (1), les vestiges de métas (2) et la position des deux rangées d'os du carpe en flexion (3, l'inférieure est solidaire du méta).*

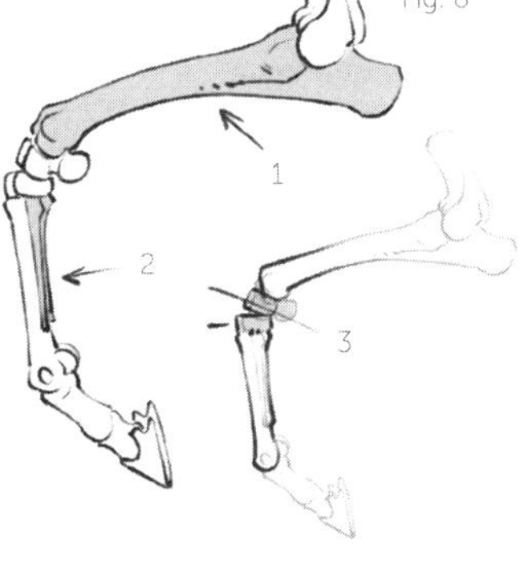


Fig. 8

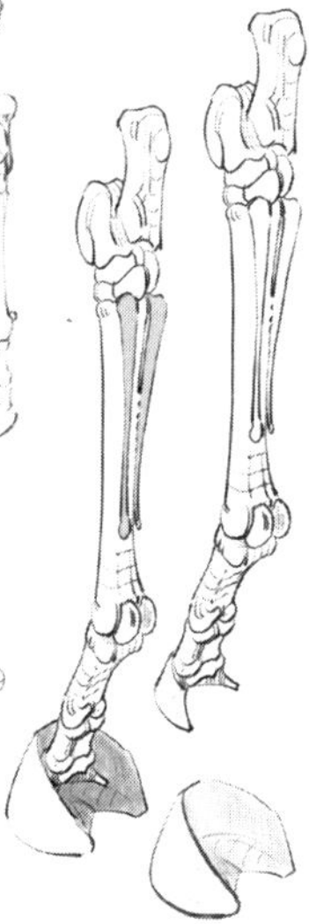

Fig. 9

*Fig. 9 : rapports de l'ossature du pied et du sabot. Les métas vestigiaux sont grisés.*

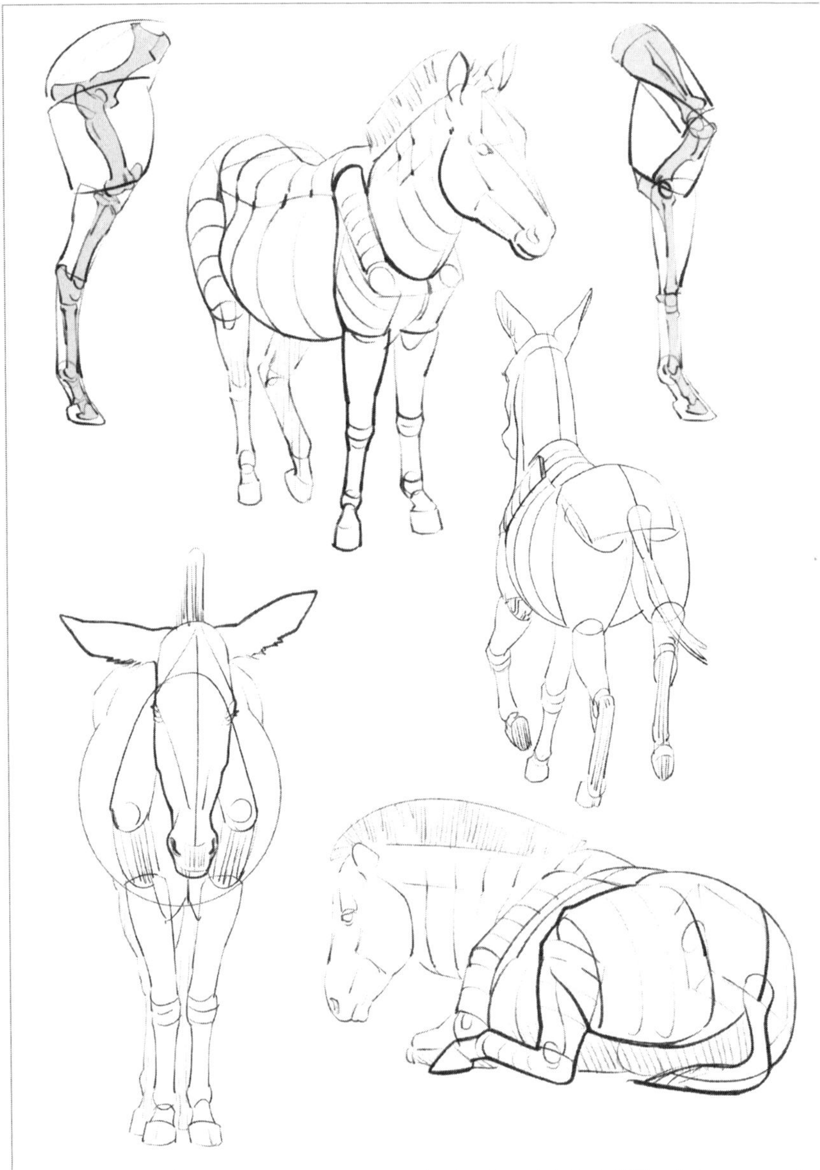

Les bondisseurs possèdent, comme nous pouvions nous y attendre, de longues et puissantes pattes arrière. Si leurs pieds hyperdéveloppés les prédisposent à la bipédie, ces animaux ont pour la plupart une posture basculée vers l'avant issue de la quadrupédie. Sur ces dessins se pose alors un problème d'aplomb, réglé par l'atrophie des membres antérieurs complétée et équilibrée par l'existence d'une longue queue (Fig. 1).

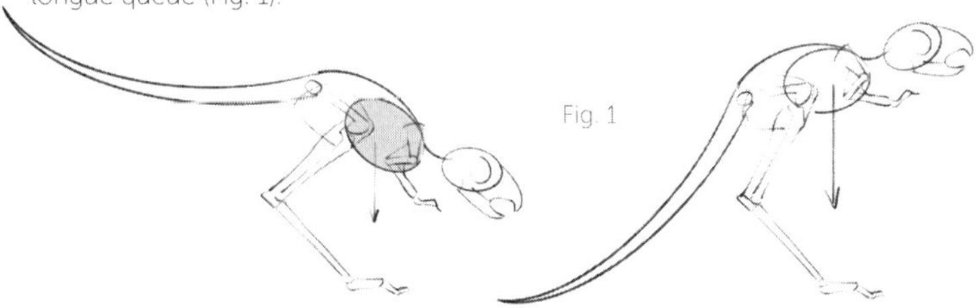

Fig. 1

*Fig. 1 : chez les petits spécimens, ici une gerboise, la tête reste relativement volumineuse car il faut qu'elle accueille le cerveau, les organes des sens et la mâchoire, qui doit garder toute sa puissance. Les pattes avant paraissent faire davantage les frais de la nécessité de réduction du poids à l'avant. Elles perdent leur rôle locomoteur et deviennent des auxiliaires de la mâchoire.*

Fig. 2

Fig. 3

*Fig. 2 : le lièvre d'Europe ou lièvre brun (***Lepus europaeus***) n'est pas un rongeur mais un lagomorphe.*

*Fig. 3 : le lièvre sauteur (***Pedetes capensis***), lui, est un rongeur !*

Le nom « gerboise » désigne communément plusieurs espèces de mammifères rongeurs à grandes pattes postérieures.

*Fig. 4 : la gerboise des steppes (**Jaculus jaculus**), aussi appelée gerboise du désert ou petite gerboise d'Égypte, possède trois doigts aux pattes postérieures.*

Fig. 4

Fig. 5

*Fig. 5 : crâne de **Jaculus jaculus**.*
*Fig. 6 : la gerboise à quatre doigts (**Allactaga tetradactyla**) possède quatre doigts à chaque patte.*

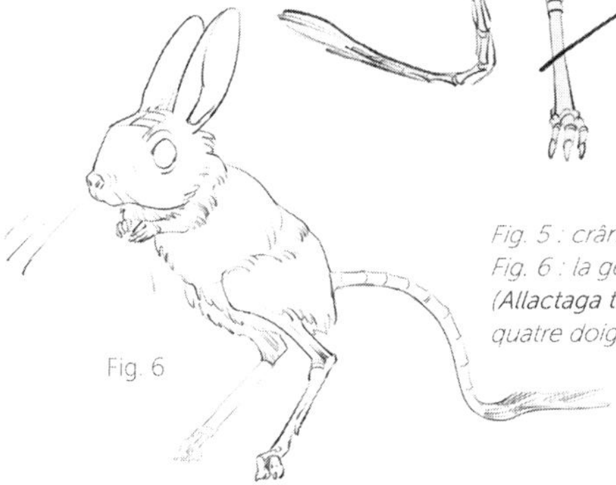

Fig. 6

*Fig. 7 : le wallaby à cou rouge, ou wallaby de Bennett (**Macropus rufogriseus**), est l'espèce de wallaby la plus commune. Kangourou et wallaby sont des noms du langage courant : les espèces de petite taille sont communément appelées wallabys.*
*Fig. 8 : ses pattes postérieures se terminent par quatre doigts. Les deuxième et troisième doigts sont grêles et accolés dans une gaine de peau. Les griffes de ces deux doigts forment un peigne pouvant être utilisé pour le nettoyage de la fourrure.*

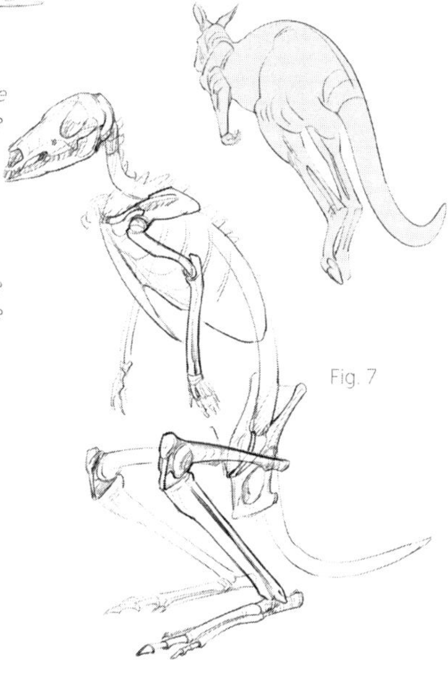

Fig. 7

Fig. 8

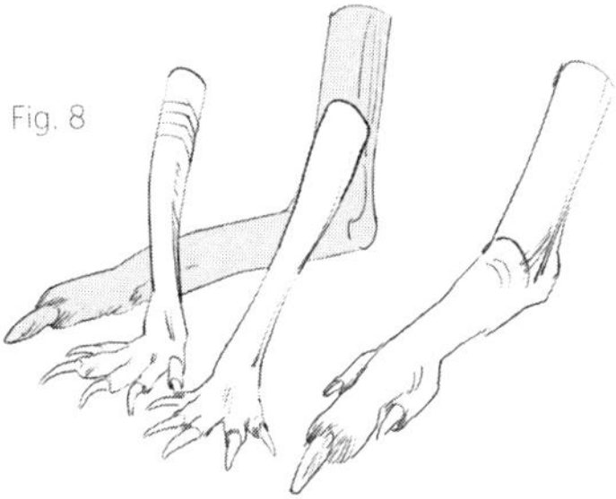

Les chaussons d'escalade arquent les pieds et permettent aux humains de n'utiliser que la pointe renforcée afin d'accrocher la moindre aspérité. Les sabots des ongulés, adaptés comme nous l'avons vu à la course sur terrain sec, conviennent également aux espèces grimpeuses : chèvres des montagnes et chamois en témoignent.

*Fig. 1 : crâne de l'oréotrague.*

Fig. 1

*Fig. 2 : les extrémités des pattes de l'oréotrague (**Oreotragus oreotragus**) sont remarquables. Cette petite antilope se pose sur le tranchant de ses sabots.*

Fig. 2

Mais nous grimpons aussi avec nos mains, et nos doigts charnus offrent une bonne adhérence. Nous retrouvons ce peloton graisseux sous de nombreuses pattes.

*Fig. 3 : ainsi en est-il des extrémités des pattes du daman du Cap (**Procavia capensis**), aussi appelé daman des rochers.*

*Fig. 4 : crâne du daman du Cap.*

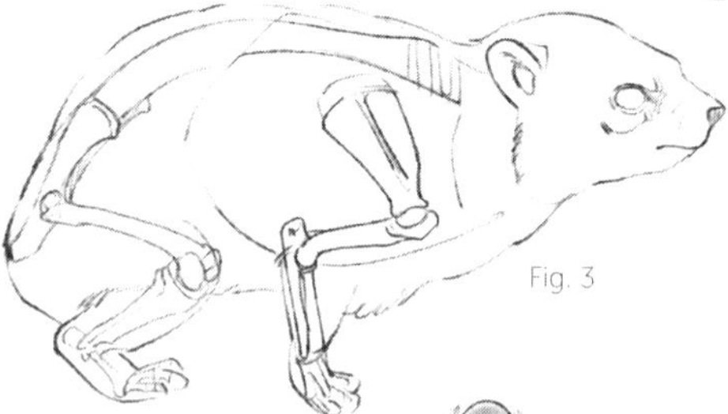

Fig. 3

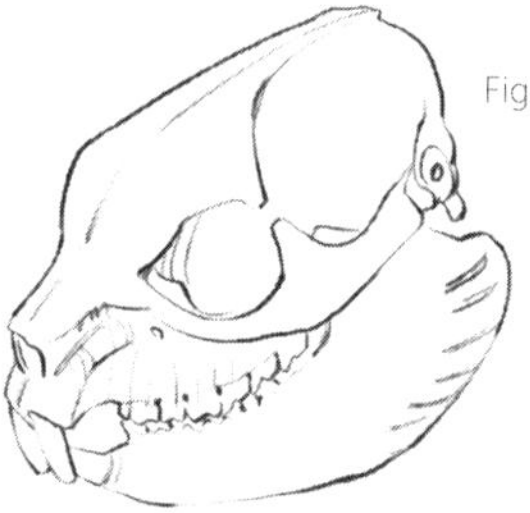

Fig. 4

*Fig. 5 : dessous des pattes avant et arrière du daman du Cap.*

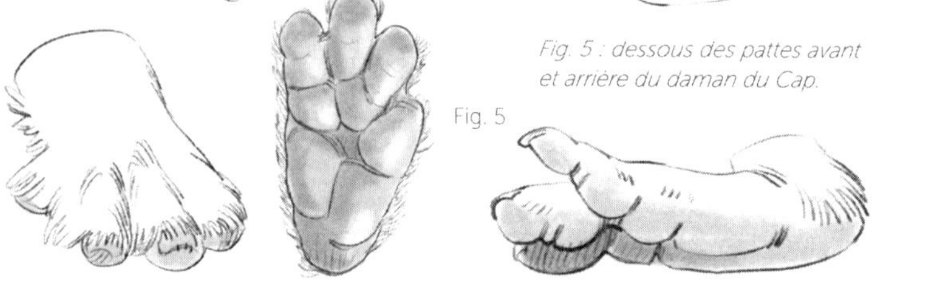

Fig. 5

Grimper dans les arbres nécessite les mêmes adaptations, auxquelles on peut ajouter les griffes (l'écorce se laisse crocheter), une possible opposition des doigts de la main et des pieds (pincer les branches) et une queue (préhensile ou simple balancier).

*Fig. 6 : le porc-épic du Brésil ou coendou (***Coendou prehensilis***), à queue prenante couverte de petites écailles et aux extrémités charnues adhérentes, est semi-arboricole.*
*Fig. 7 : crâne du coendou.*
*Fig. 8 : extrémité postérieure du coendou.*

Fig. 6

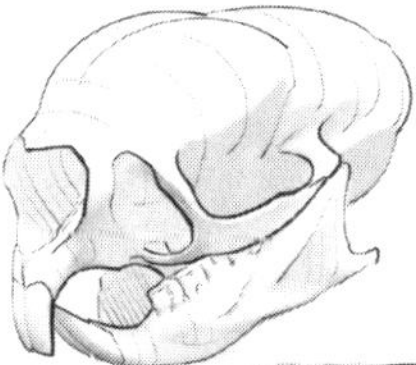

Fig. 7

Fig. 8

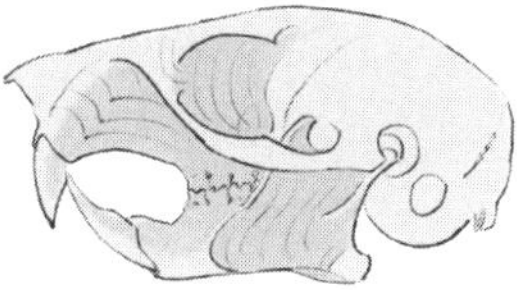

Fig. 9

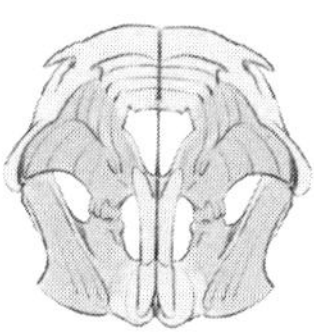

*Fig. 9 : écureuil roux (***Sciurus vulgaris***) et son crâne.*

*Fig. 10 : le* ***Tupaia tana*** *est lui aussi un bel exemple de convergence évolutive. Cette espèce n'est pas un rongeur mais un scandentien, tout comme le ptilocerque de Low (***Ptilocercus lowii***) présenté p. 59, et ses déplacements dans les arbres évoquent ceux d'un écureuil.*

Fig. 10

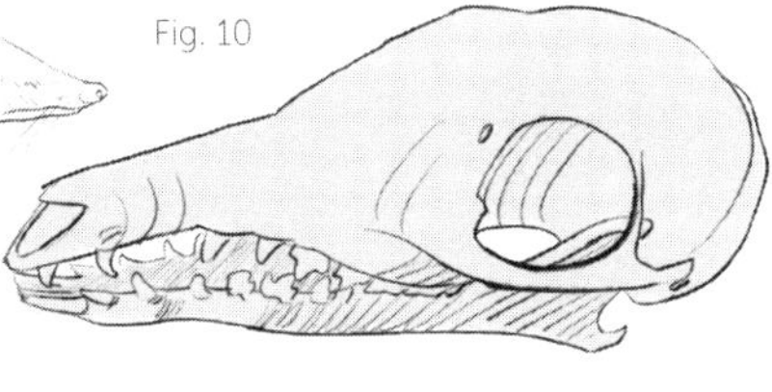

Cette page illustre une fois de plus les effets de la convergence évolutive. Ces espèces appartiennent à des ordres différents mais possèdent toutes des extrémités préhensiles.

*Fig. 1 : le rat du bambou (**Kannabateomys amblyonyx**) est un rongeur très bon grimpeur. Notez l'axe du pied (Fig. 2) : trois doigts s'opposent aux deux autres pour former une pince. À la main, les doigts s'opposent deux à deux (Fig. 3).*

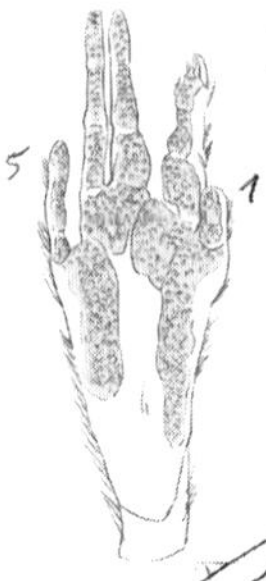

Fig. 1

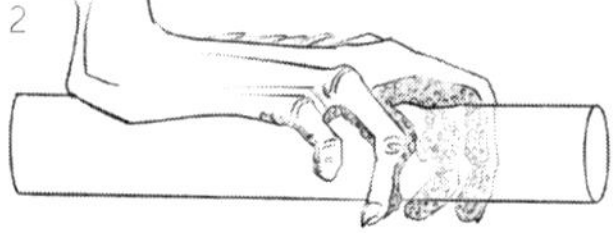

Fig. 2

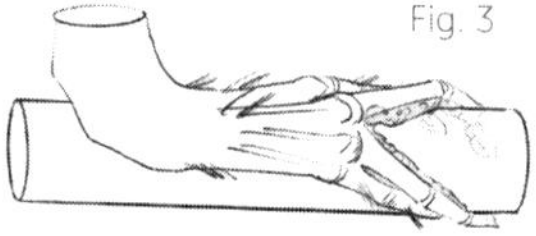

Fig. 3

Les marsupiaux américains présentent de belles adaptations à la vie arboricole. Ici le monito del monte (*Dromiciops gliroides*, Fig. 4), dont on peut apprécier les pelotons striés permettant une bonne adhérence. Notez l'opposition des doigts sur la branche.

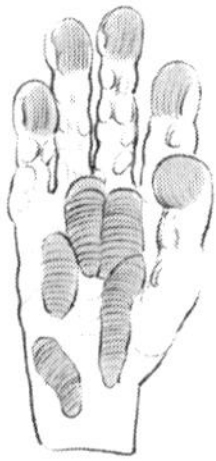

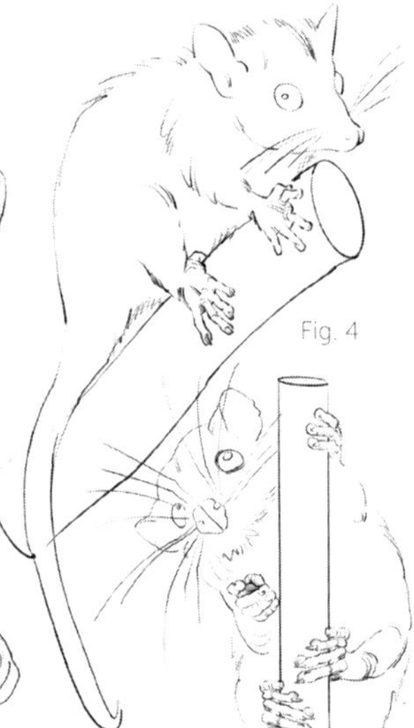

Fig. 4

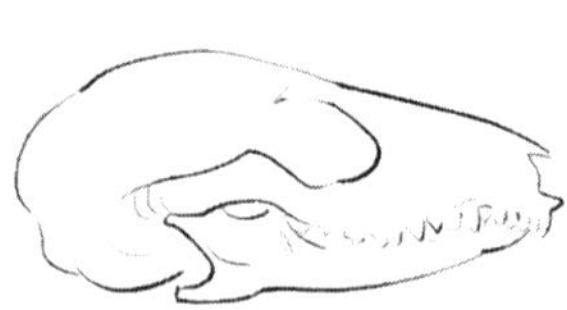

Fig. 5

Fig. 6

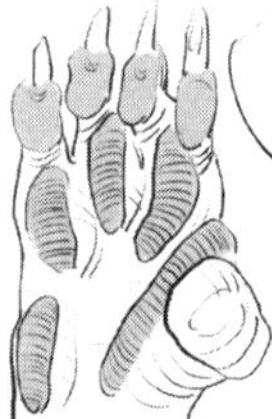

*Fig. 5 : crâne de monito del monte.*
*Fig. 6 : main et pied de monito del monte.*

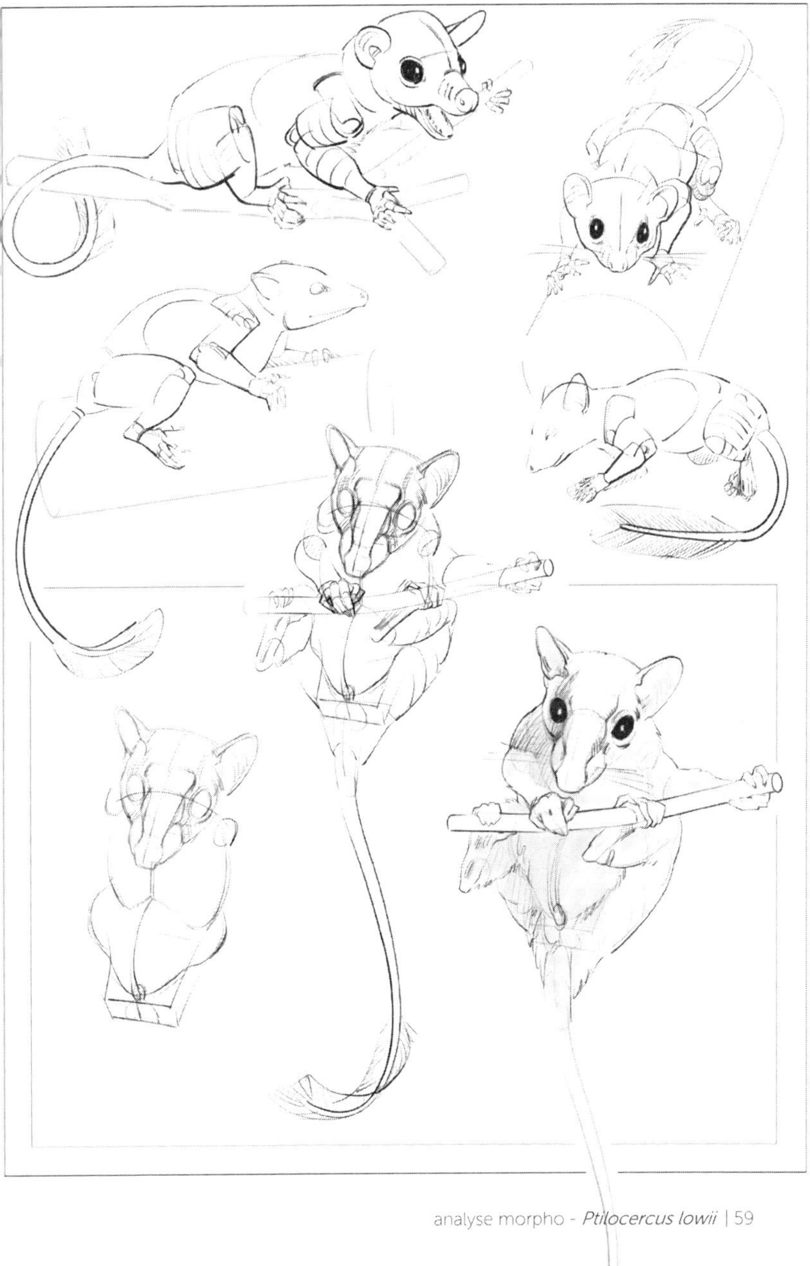

*Fig. 1 : spécimen jeune d'opossum de Virginie (**Didelphis virginiana**), ou sarigue d'Amérique du Nord, qui est un marsupial. Sa queue dénudée et préhensile lui permet de s'accrocher aux branches et parfois de transporter de petites choses.*
*Fig. 2 : ses extrémités : une main, deux pieds et le bout de sa queue.*

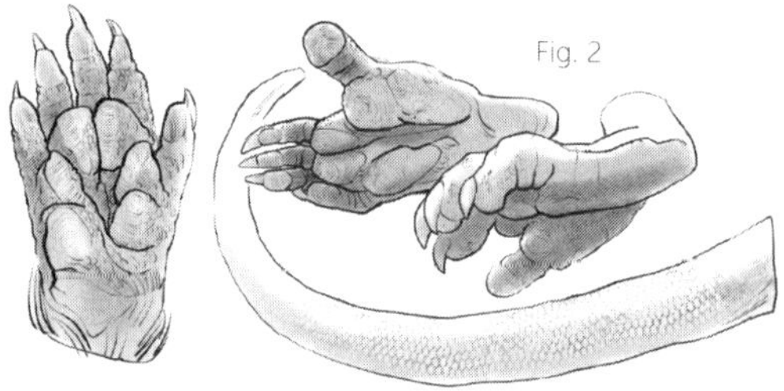

Fig. 2

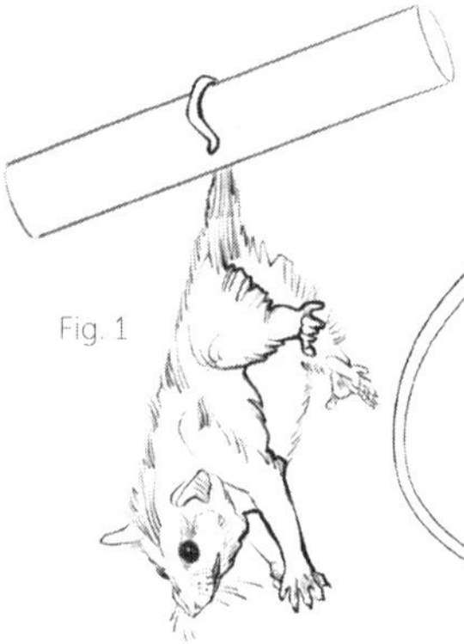

Fig. 1

*Fig. 3 : squelette d'un opossum de Virginie.*

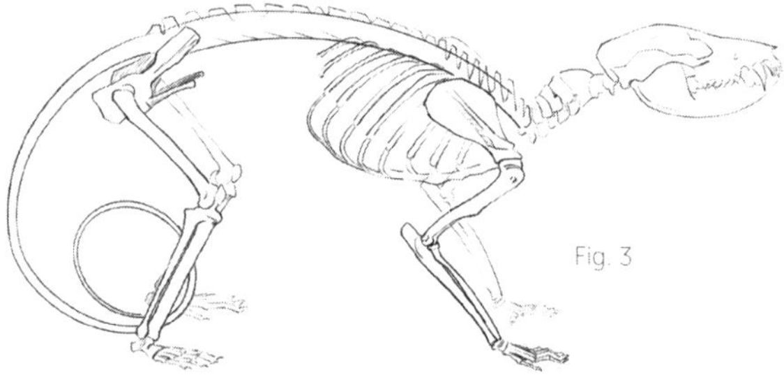

Fig. 3

Fig. 4

*Fig. 4 : koala (**Phascolarctos cinereus**).*
*Fig. 5 : les deux premiers doigts des pattes antérieures sont opposables aux trois autres. Ils sont pourvus de griffes et de coussinets rugueux. Les pieds ont un pouce sans griffe, les deuxième et troisième orteils ont fusionné pour former un peigne utile pour le toilettage (voir aussi le wallaby, qui appartient au même ordre, p. 55).*

Fig. 5

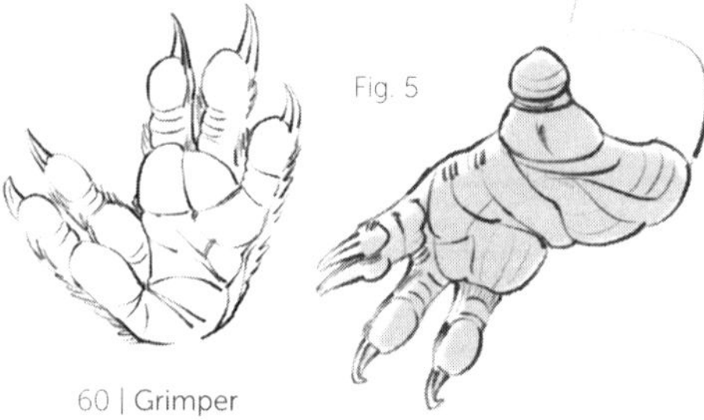

*Fig. 6 : le couscous tacheté (***Spilocuscus maculatus***) appartient au même ordre que le koala. Au repos sa queue préhensile, plus longue que le corps et à l'extrémité dépourvue de poils, est tenue enroulée. Notez l'opposition des doigts.*

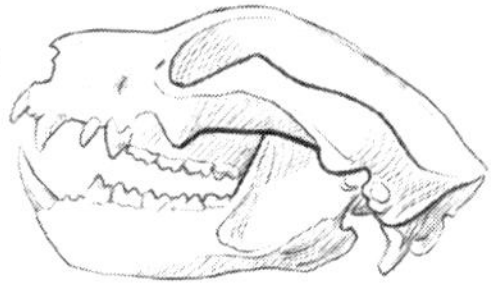

Fig. 6

Fig. 7

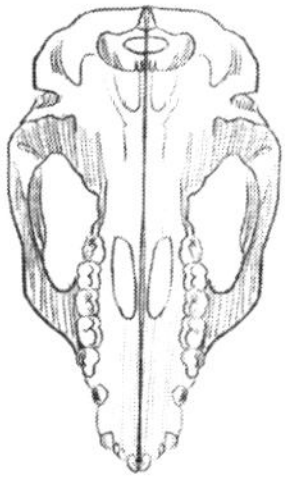

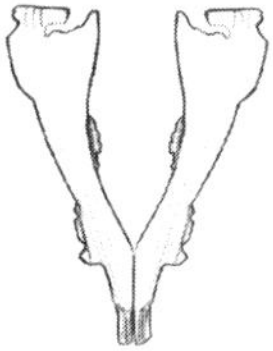

*Fig. 7 : son crâne vu de profil et par en dessous.*
*Fig. 8 : l'aye-aye (***Daubentonia madagascariensis***).*
*Ce curieux primate attaque l'écorce à l'aide de ses incisives et déloge des larves d'insectes avec son long doigt muni d'une griffe.*

Fig. 8

Fig. 9

*Fig. 9 : crâne d'aye-aye.*
*Fig. 10 : main et pied d'aye-aye.*

Fig. 10

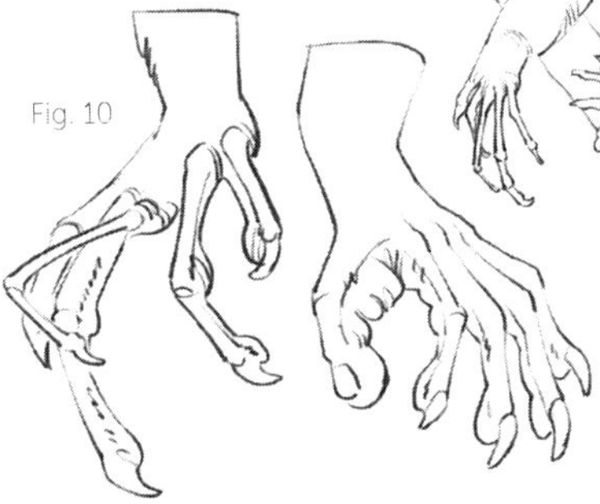

*Fig. 1 : crâne du loris grêle (**Loris tardigradus**), nocturne aux larges orbites. Sa face plate et les yeux ramenés sur le devant de la tête favorisent la vision en trois dimensions, appréciable pour les déplacements dans le milieu complexe que constituent les arbres.*

Fig. 1

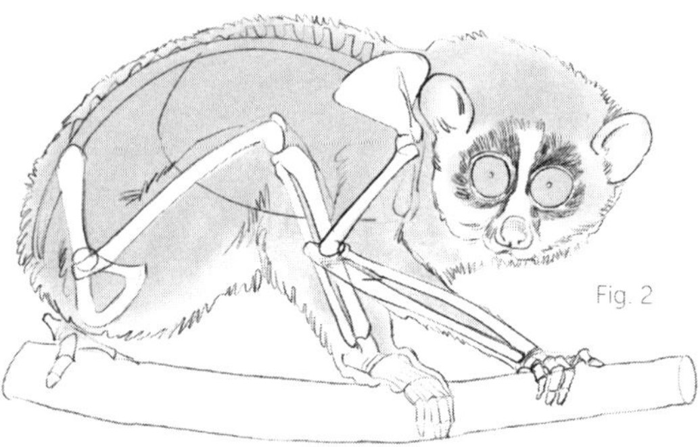

Fig. 2

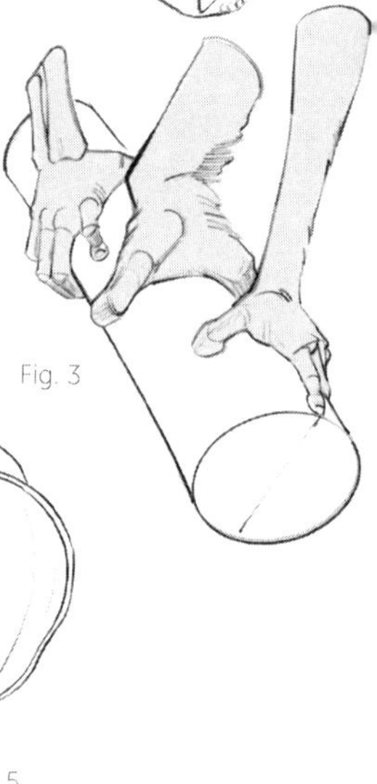

*Fig. 2 : le loris grêle est un primate sans queue, aux membres grêles et aux extrémités préhensiles dotées de petits ongles (Fig. 3).*

Fig. 3

Fig. 4

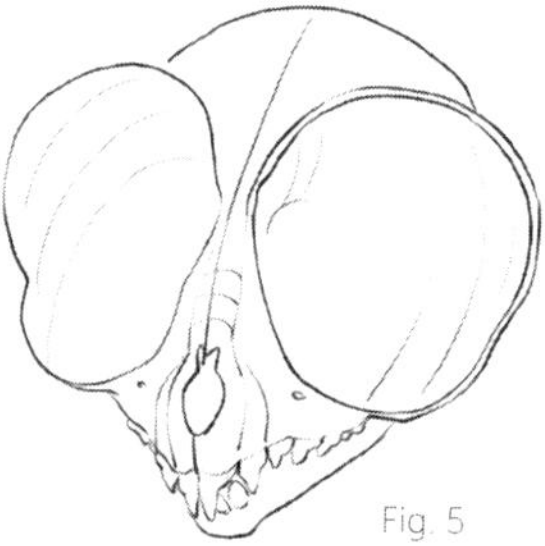

Fig. 5

*Fig. 4 : la morphologie du tarsier spectre (**Tarsius tarsier** ou **Tarsius spectrum**) est celle d'un bondisseur arboricole.*
*Fig. 5 : les tarsiers sont également des primates nocturnes aux yeux volumineux, comme en témoigne le cadre de leurs orbites.*

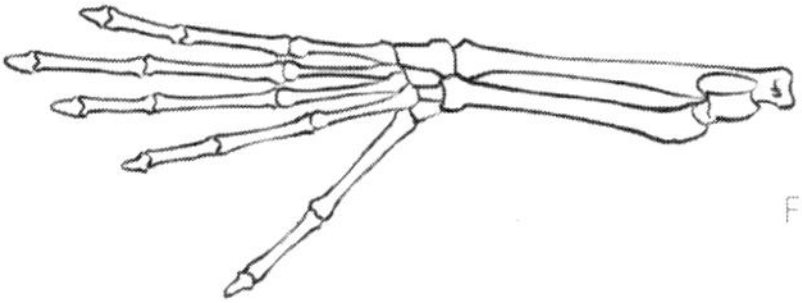

Fig. 6

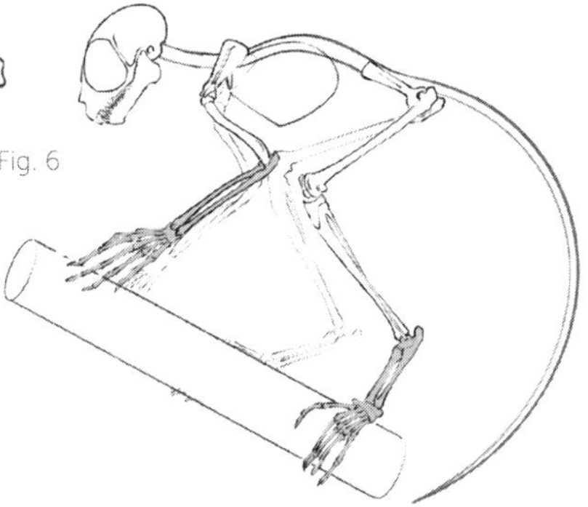

*Fig. 6 : squelette de tarsier spectre.*

Chez le tarsier on retrouve de longues pattes arrière (voir p. 54), conjuguées cette fois avec des extrémités préhensiles. Cette pince est intégralement projetée en avant par l'allongement des os du tarse (d'où son nom).

Les lémuriens sont eux aussi des primates arboricoles sans queue – comme ici l'indri (*Indri indri*, Fig. 7) – ou avec – comme le lémur catta ou maki catta (*Lemur catta*) de la double page suivante.

Fig. 7

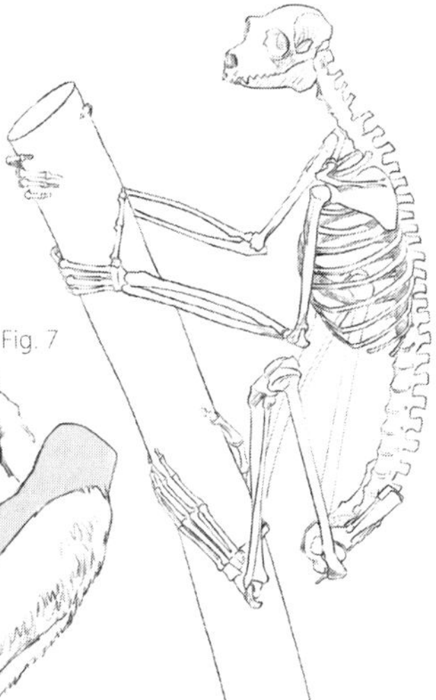

*Fig. 8 : crâne de lémur catta.*
*Fig. 9 : les extrémités nues des lémuriens catta sont recouvertes de coussinets souples épousant la forme de leur support.*

Fig. 8

Fig. 9

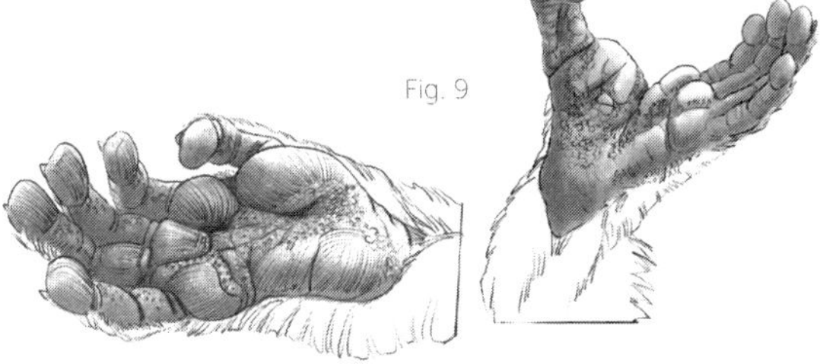

Fig. 1

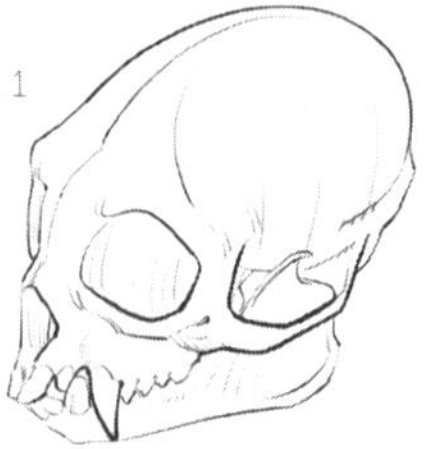

Fig. 2

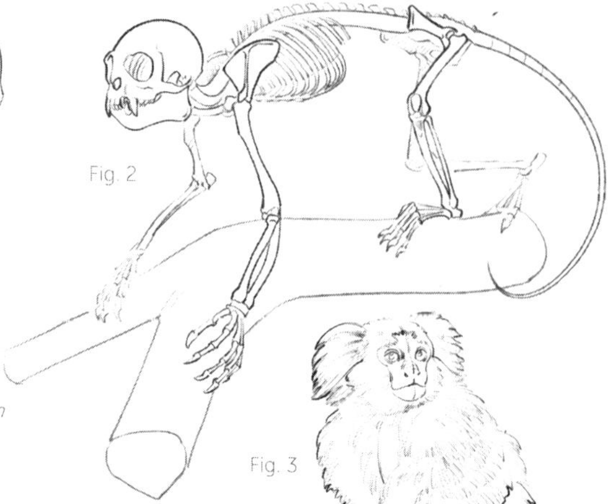

*Fig. 1 : crâne de ouistiti commun.*
*Fig. 2 : squelette de ouistiti commun.*
*Fig. 3 : un ouistiti commun **(Callithrix jacchus)** aux quatre extrémités préhensiles.*

Fig. 3

On imagine que tous les primates ont un pouce opposable mais ce n'est pas le cas : certains utilisent en effet leur main davantage comme un crochet que comme une pince.

*Fig. 4 à 8 : les atèles ou singes-araignées sont des singes américains à la queue préhensile. Ici un atèle noir de Colombie **(Ateles fusciceps robustus)**. Notez l'absence de pouce.*

Fig. 4

Fig. 5

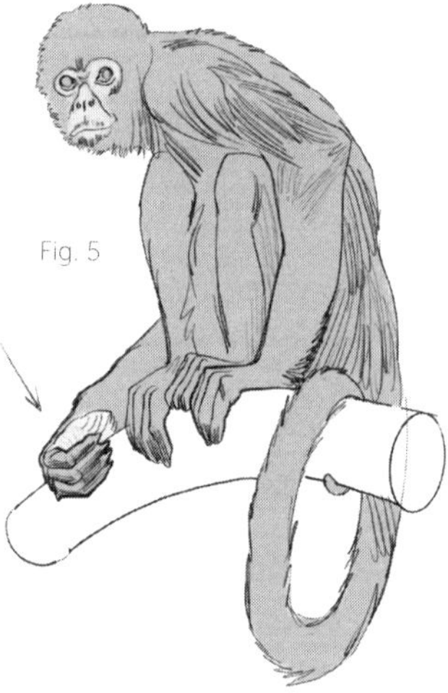

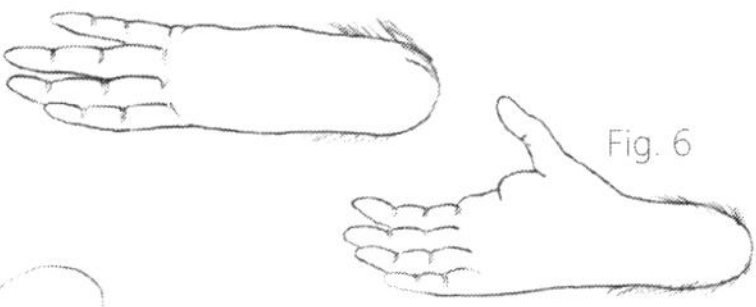

Fig. 6

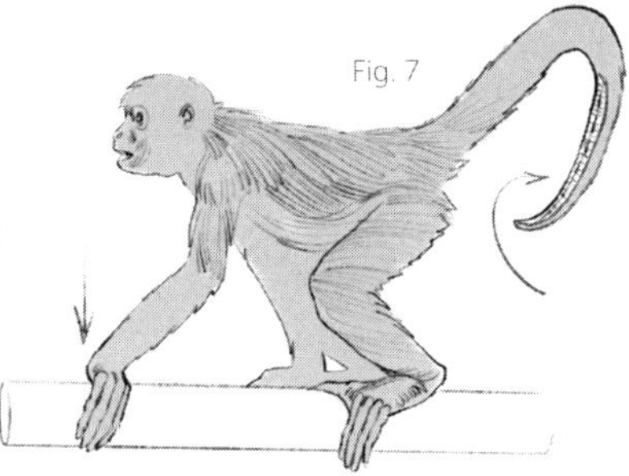

Fig. 7

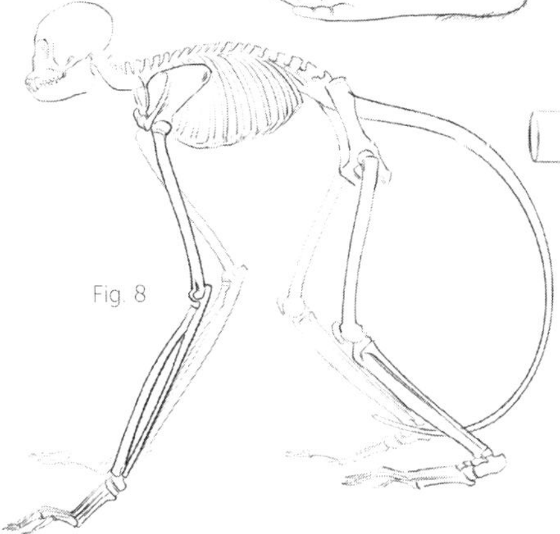

Fig. 8

*Fig. 6 : main et pied de l'atèle noir.*
*Fig. 8 : squelette d'atèle.*
*Fig. 9 : les gibbons (ici un gibbon à mains blanches,* ***Hylobates lar****) sont originaires d'Asie et possèdent eux aussi des mains permettant de crocheter les branches. La taille de leur pouce est réduite. Ils se suspendent à l'aide de leurs bras et se déplacent en se balançant de branche en branche (brachiation). Ils sont capables de déplacement bipède.*

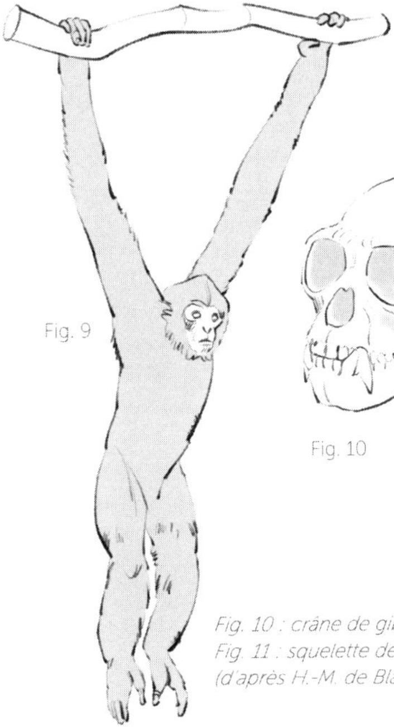

Fig. 9

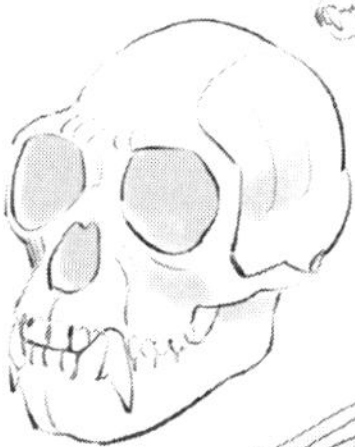

Fig. 10

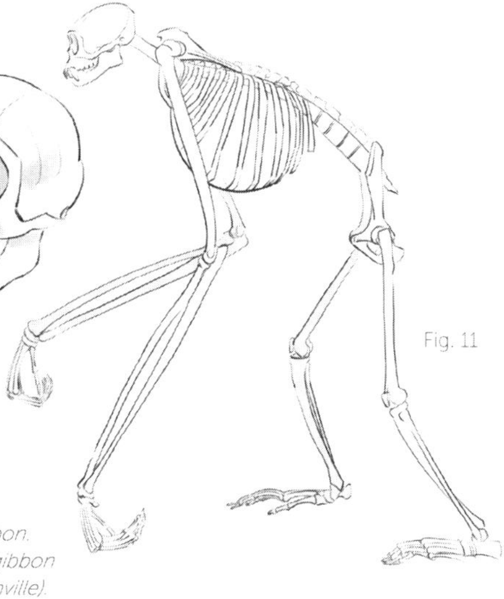

Fig. 11

*Fig. 10 : crâne de gibbon.*
*Fig. 11 : squelette de gibbon (d'après H.-M. de Blainville).*

Nous avons vu sur la double page précédente des mains modifiées en crochet. Mais cette adaptation peut être intégralement reportée sur les griffes, longues et incurvées.

*Fig. 1 : squelette de myrmidon.*

Fig. 1

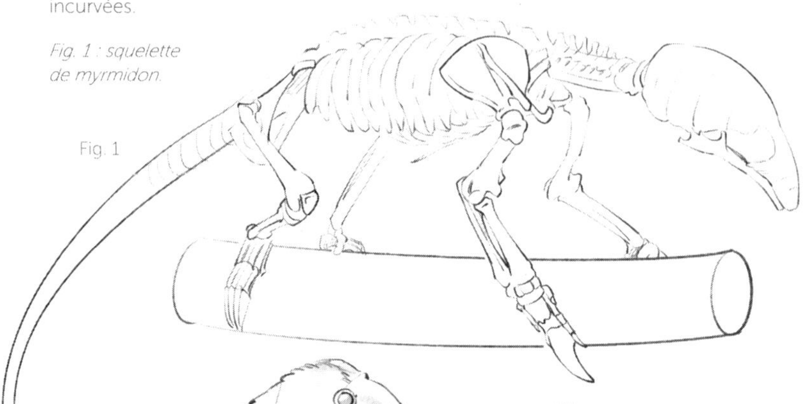

Fig. 3

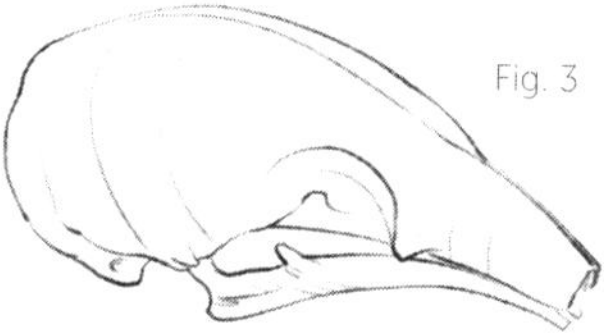

Fig. 2

Fig. 4

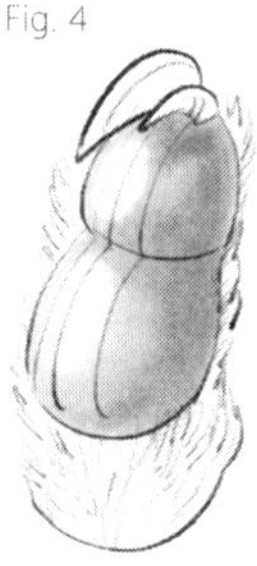

Fig. 5

*Fig. 2 : le myrmidon ou fourmilier nain (***Cyclopes didactylus***) est exclusivement arboricole.*

*Fig. 3 : les mâchoires de cet insectivore forment un tube court pour recevoir une langue longue et enduite d'une salive collante.*

*Fig. 4 : main droite (vue côté paume). Le nom latin du myrmidon indique la présence de deux doigts aux mains, mais tout l'effort semble se porter sur le doigt majeur, nettement plus volumineux. Ses griffes permettent aussi de briser fourmilières et termitières.*

*Fig. 5 : squelette de la main droite (vue dorsale).*

Reste le cas extraordinaire des paresseux. Ces animaux se suspendent à l'aide des longues griffes qui terminent chacun de leurs membres. On distingue deux familles selon que les mains ont deux ou trois doigts.

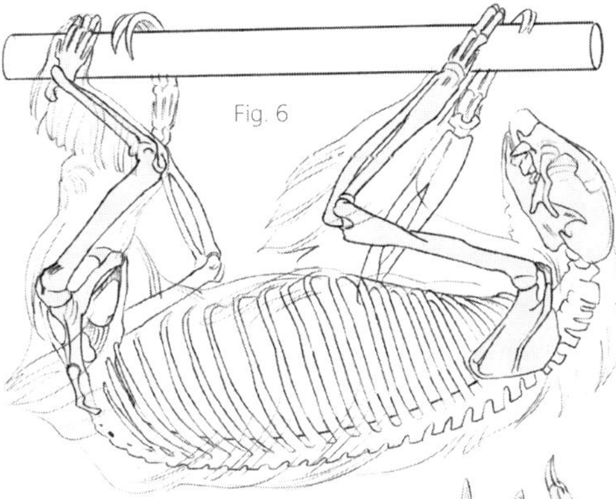

Fig. 6

*Fig. 6 : squelette d'un paresseux à deux doigts* (*Choloepus didactylus*).

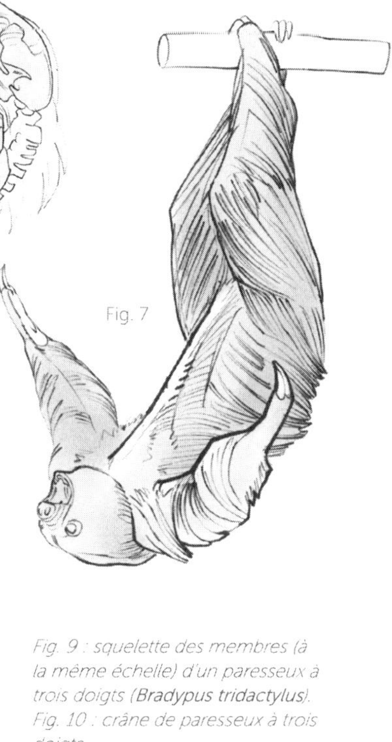

Fig. 7

*Fig. 7 : une fois de plus, les griffes peuvent être détournées de leur fonction première et se révéler dangereuses. Notez cette tension de peau entre le pubis et le haut du thorax, telle la tension d'un vêtement.*
*Fig. 8 : main vue côté paume.*

Fig. 8

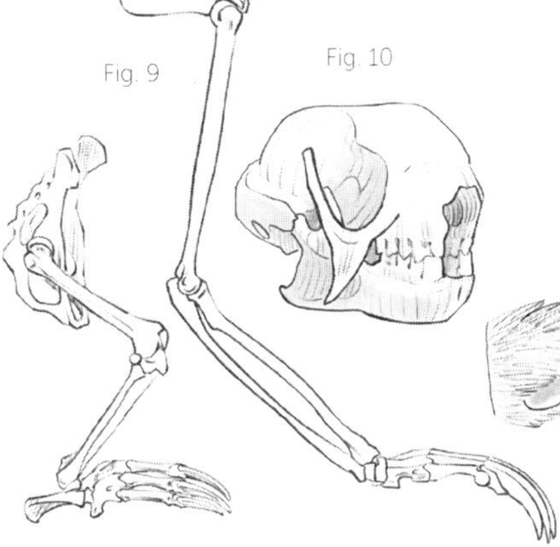

Fig. 9

Fig. 10

*Fig. 9 : squelette des membres (à la même échelle) d'un paresseux à trois doigts* (*Bradypus tridactylus*).
*Fig. 10 : crâne de paresseux à trois doigts.*
*Fig. 11 : main de profil et paume.*

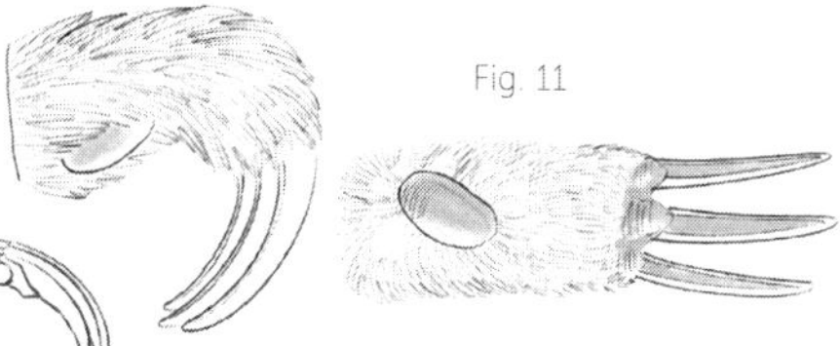

Fig. 11

Nous venons de voir des morphologies de grimpeurs arboricoles ; il s'agit maintenant de se jeter dans le vide ! De simples replis de peau (patagiums) permettent à de petits animaux d'acquérir une surface suffisante pour générer de la portance et ralentir leur chute (c'est le principe des combinaisons wingsuit). Ils sont ainsi capables de « glisser » sur l'air d'un arbre à un autre.

*Fig. 1 : squelette d'un petit polatouche (**Glaucomys volans**) ou écureuil volant. Notez les « éperons » cartilagineux au poignet qui participent à la tension du patagium.*

Fig. 1

Fig. 2

Fig. 3

*Fig. 2 : petit polatouche. La queue est mise à contribution et augmente la surface portante.*
*Fig. 3 : le crâne du petit polatouche (**Glaucomys volans**) est bien celui d'un rongeur.*

Fig. 4

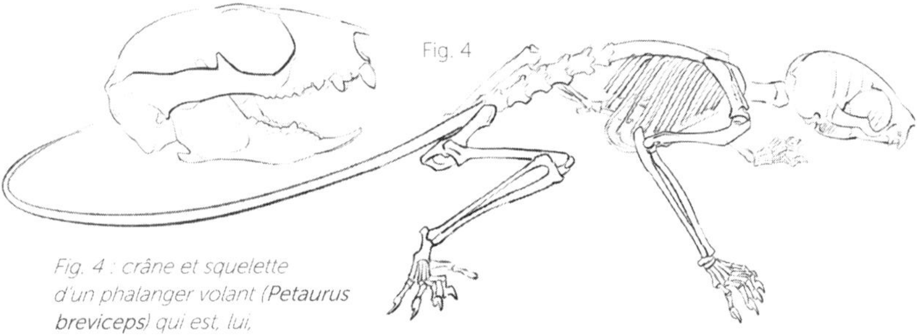

*Fig. 4 : crâne et squelette d'un phalanger volant (**Petaurus breviceps**) qui est, lui, un petit marsupial.*

Les dermoptères, appelés couramment lémurs volants (mais ce ne sont pas des primates) ont les quatre pattes reliées par un repli de peau (patagium). Les pattes ont cinq doigts et orteils palmés aux ongles forts et recourbés, assurant une bonne prise sur l'écorce. Les mains sont préhensiles.
L'ordre des dermoptères ne comprend que les deux espèces présentées sur cette double page.

*Fig. 1 : le galéopithèque volant (Cynocephalus volans).*

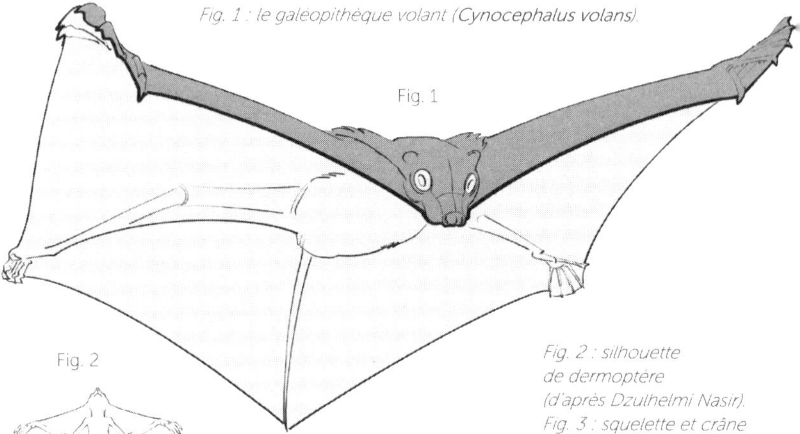

Fig. 1

Fig. 2

*Fig. 2 : silhouette de dermoptère (d'après Dzulhelmi Nasir).*
*Fig. 3 : squelette et crâne de Cynocephalus volans.*

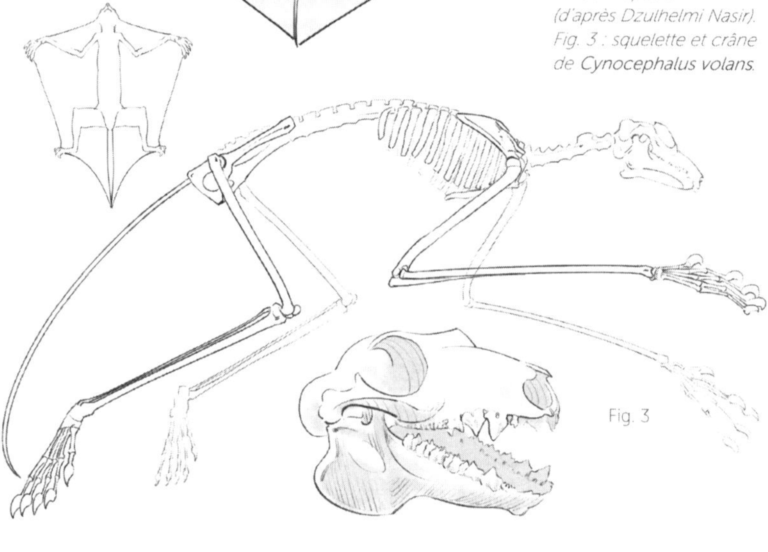

Fig. 3

*Fig. 4 : le galéopithèque de Temminck ou colugo de Malaisie (Galeopterus variegatus).*

*Fig. 5 & 6 : crâne et squelette de **Galeopterus variegatus**.*
*Fig. 7 & 8 : plis du patagium les pattes arrière ramenées sur les côtés.*
*Fig. 8 : schéma des tensions de peau entre les pieds et la queue.*

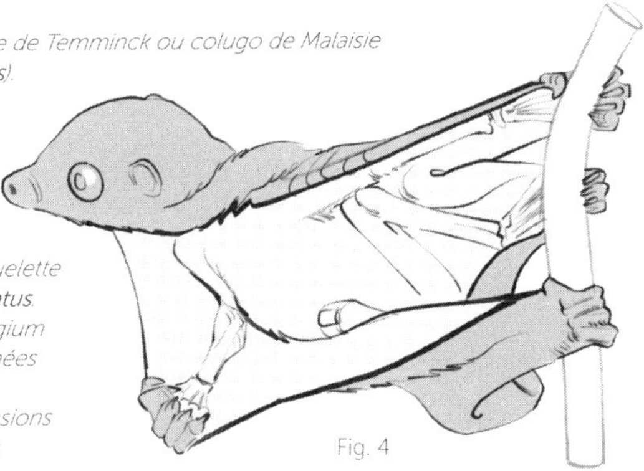

Fig. 4

Fig. 5

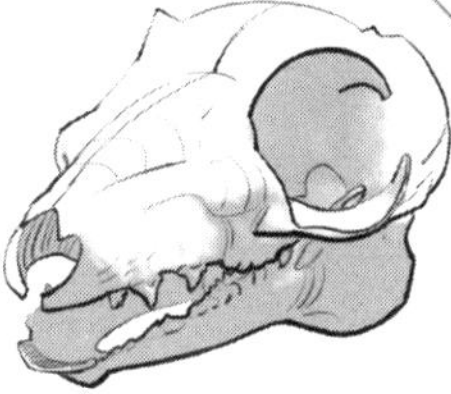

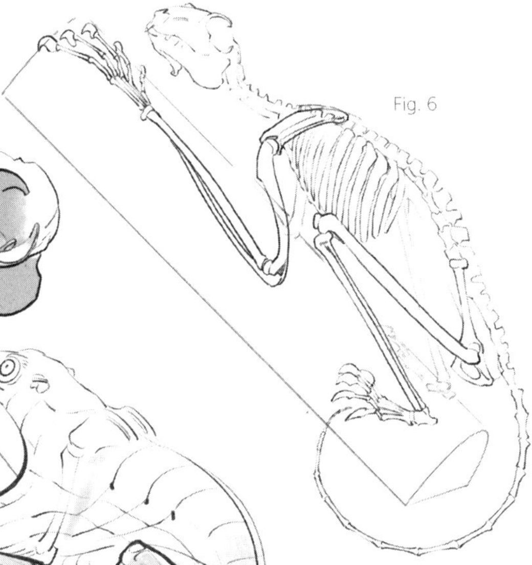

Fig. 6

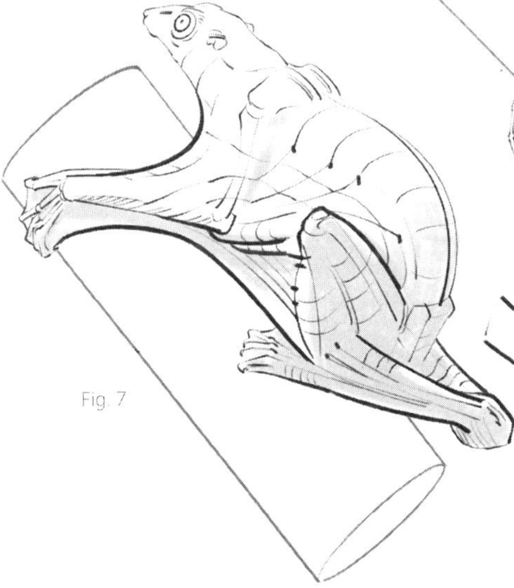

Fig. 7

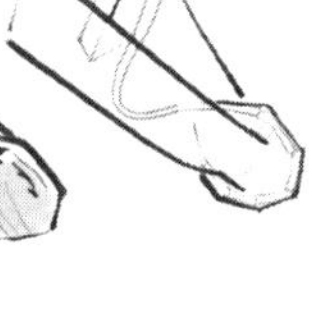

Fig. 8

Les chiroptères, appelés couramment chauves-souris, sont représentés par un millier d'espèces différentes. Ce sont les seuls mammifères capables d'un vol actif, autrement dit de battre des ailes ! La plupart des espèces ne se posent qu'exceptionnellement au sol, et préfèrent se reposer en se suspendant par les pieds. Leurs « mains ailées » ont quatre doigts hypertrophiés pris dans une peau souple et élastique (patagium). Le pouce est réduit et muni d'une griffe. L'index, proche du majeur, renforce le bord d'attaque de l'aile.

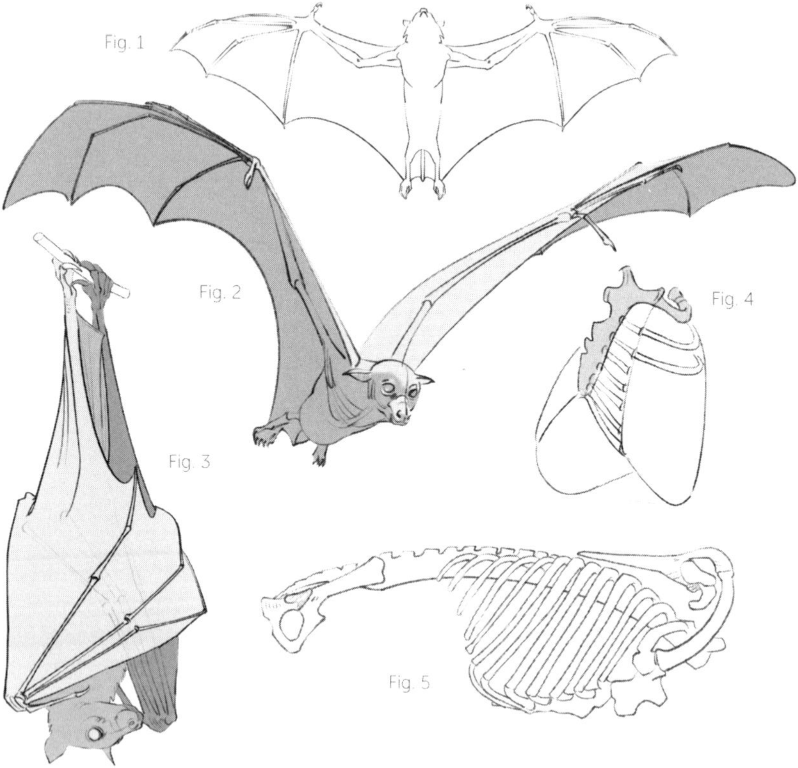


*Fig. 1 : silhouette de chiroptère (d'après Dzulhelmi Nasir).*
*Fig. 2 & 3 : la roussette de Malaisie (*Pteropus vampyrus*).*
*Fig. 4 : cage thoracique (vue de trois quarts face). Le sternum et la première côte épaisse sont grisés.*
*Fig. 5 : squelette du tronc vu de profil. Une clavicule très forte, une large omoplate et un sternum caréné sont les zones d'insertion des puissants muscles des ailes.*

Les pattes arrière ont entièrement pivoté au niveau de la hanche, ce qui donne l'impression d'un genou se pliant à l'envers. Le « gros orteil » se retrouve en réalité à l'extérieur. Les pattes arrière se posent ainsi naturellement sur la coupole formée par l'ensemble de la surface portante dépliée (voir différents exemples sur la double page suivante).

Fig. 6

Fig. 7

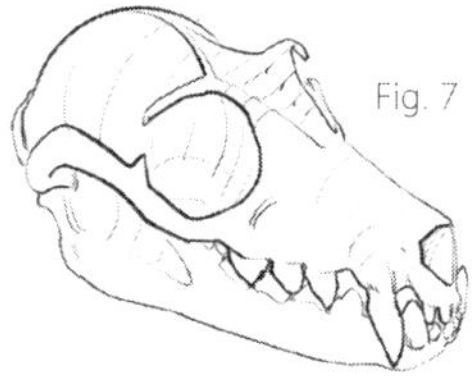

*Fig. 6 & 7 : squelette et crâne de roussette de Malaisie (***Pteropus vampyrus***).*

Le vampire commun (ci-dessous et double page suivante) a des mœurs singulières (hématophagie) qui l'amènent à se déplacer sur le sol, ce qui nous offre des postures variées.

Fig. 8

*Fig. 8 & 10 : squelette et crâne de vampire commun (***Desmodus rotundus***).*
*Fig. 9 : détail de la tête du vampire commun. Son nez est une « feuille nasale » qui témoigne de sa capacité à émettre des ultrasons (écholocation), sa lèvre inférieure est profondément échancrée, ses incisives et canines supérieures sont puissantes et triangulaires.*

Fig. 9

Fig. 10

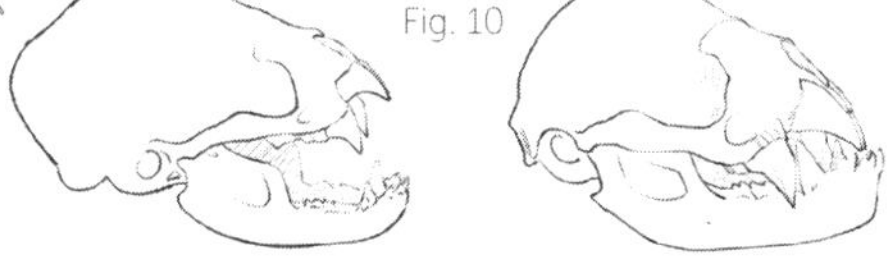

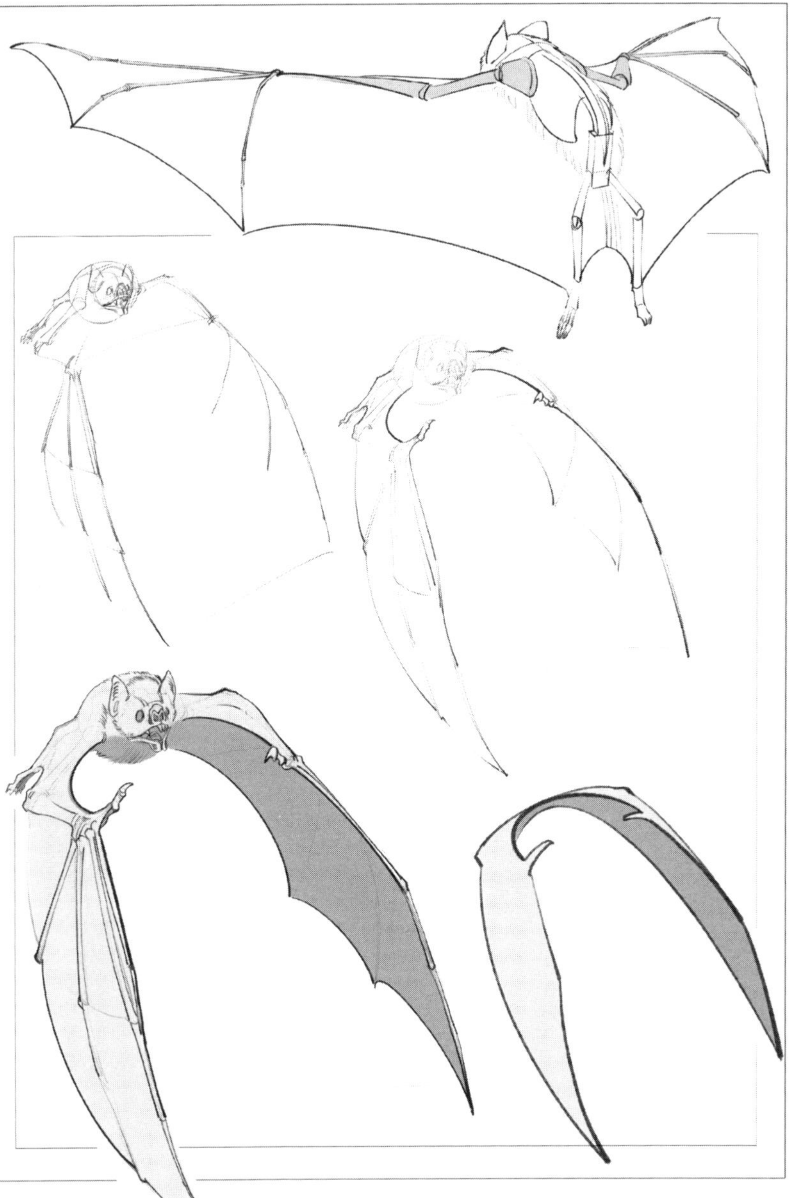

Les ailes larges et courtes favorisent la capture d'insectes arboricoles. Grâce à leur vol stationnaire, les oreillards sont capables de saisir leurs proies directement sur les feuilles.

Fig. 1

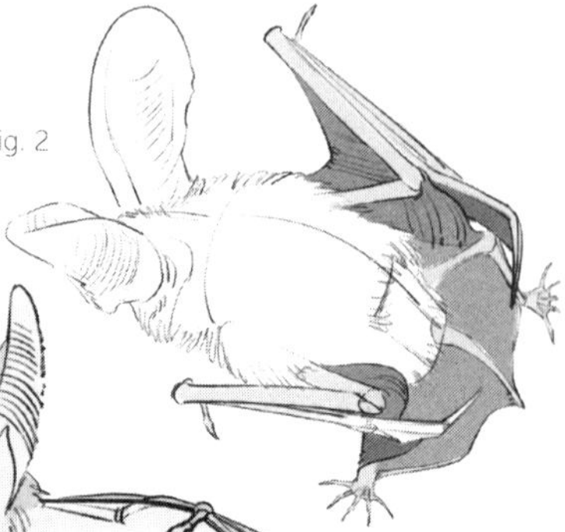

Fig. 2

*Fig. 1 : tête d'oreillard gris (**Plecotus austriacus**).*
*Fig. 2 : oreillard gris vu de dos, les ailes repliées.*
*Fig. 3 : l'oreillard gris.*

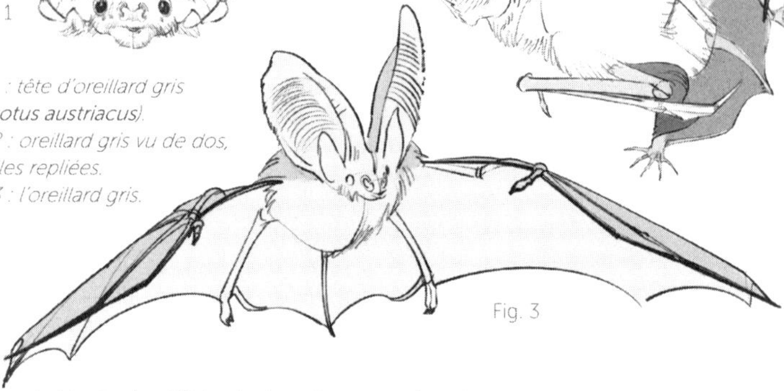

Fig. 3

Le grand rhinolophe (*Rhinolophus ferrumequinum*) possède une feuille nasale en forme de fer à cheval, ce qui lui vaut d'être nommé aussi grand fer à cheval. Il émet des ultrasons par le nez et non par la bouche.

*Fig. 4 : grand rhinolophe suspendu la tête en bas, enveloppé dans son patagium.*
*Fig. 5 : tête et crâne de grand rhinolophe.*

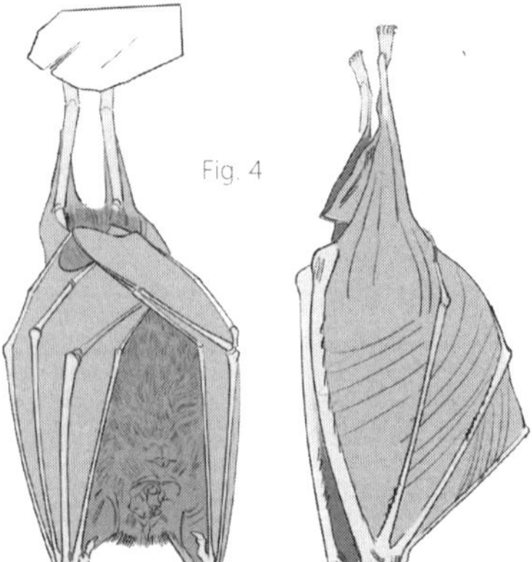

Fig. 4

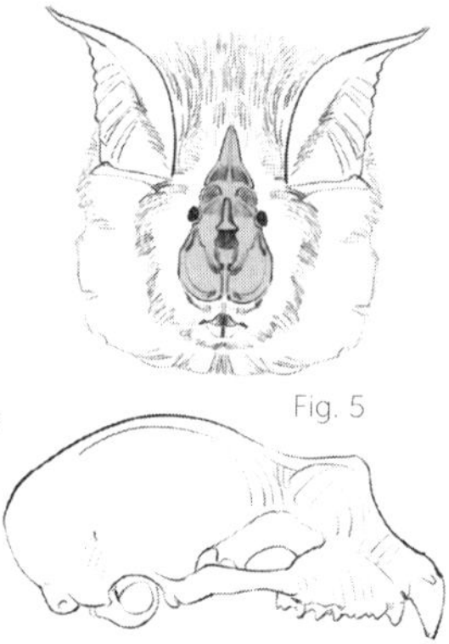

Fig. 5

Les thyroptères ont à la base du pouce et sous la cheville des ventouses qui leur permettent de se maintenir sur la surface lisse des feuilles. Contrairement à la plupart des chauves-souris, ils s'y accrochent la tête haute.

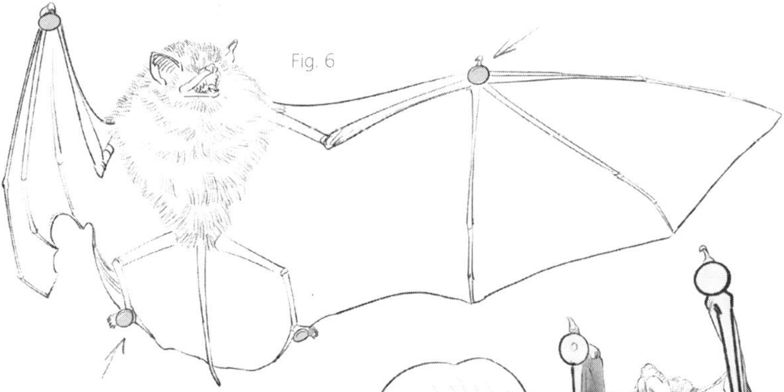

Fig. 6

*Fig. 6 : thyroptère tricolore (**Thyroptera tricolor Spix**) (d'après K. Lindsay).*

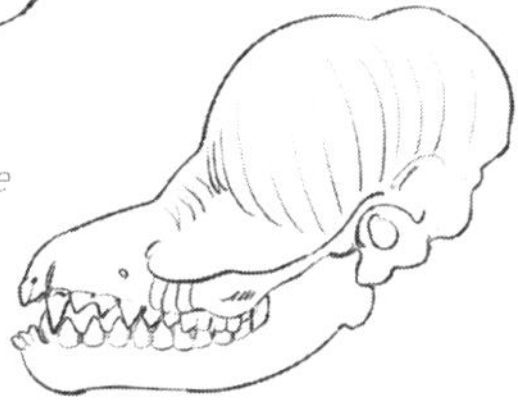

Fig. 7

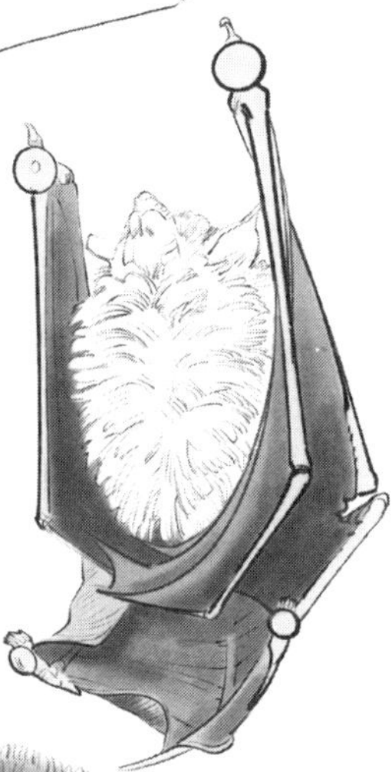

Fig. 8

*Fig. 7 : crâne de thyroptère tricolore.*
*Fig. 8 : thyroptère tricolore vu par en dessous, posé sur une vitre.*

Les ventouses ont une forme de coupelles concaves et sont soutenues par une plaque cartilagineuse interne. Le muscle court fléchisseur du pouce s'attache à la plaque et crée une aspiration (voir K. Riskin et A. Racey). La chauve-souris les nettoie fréquemment en les léchant. Les ventouses contiennent également d'abondantes glandes sudoripares, qui maintiennent leur surface humide.

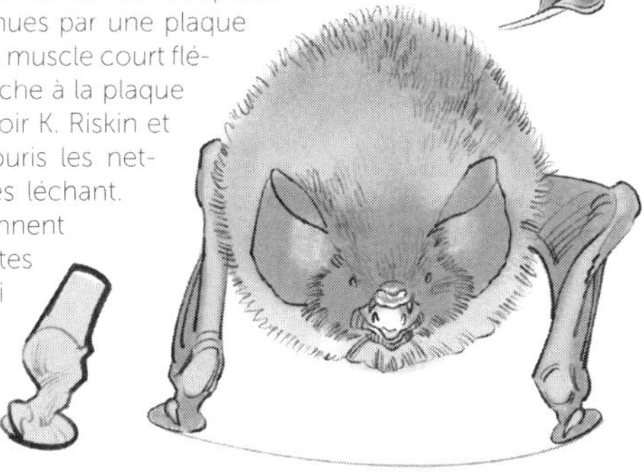

Il nous reste à analyser la morphologie des mammifères aquatiques, depuis les formes amphibies jusqu'à ceux qui vivent exclusivement dans l'eau ! Nous verrons, comme on peut s'y attendre, de nombreuses pattes palmées, et des silhouettes simplifiées rendues hydrodynamiques par une fourrure très dense préservant une couche d'air sur la peau ou par une couche graisseuse isolante qui améliore la flottabilité.

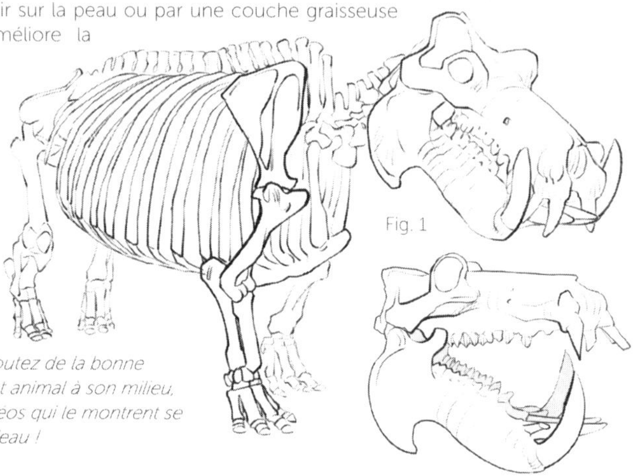

*Fig. 1 : squelette et crâne d'un hippopotame commun (Hippopotamus amphibius).*

Fig. 1

*Fig. 2 : si vous doutez de la bonne adaptation de cet animal à son milieu, regardez des vidéos qui le montrent se déplaçant sous l'eau !*

Les hippopotames sont onguligrades mais, contrairement à la plupart des autres animaux de ce type, leur poids repose sur le tampon de tissu conjonctif dur présent sous chacun de leurs pieds à quatre doigts (Fig. 3, à rapprocher de la p. 31).

Fig. 2

Fig. 3

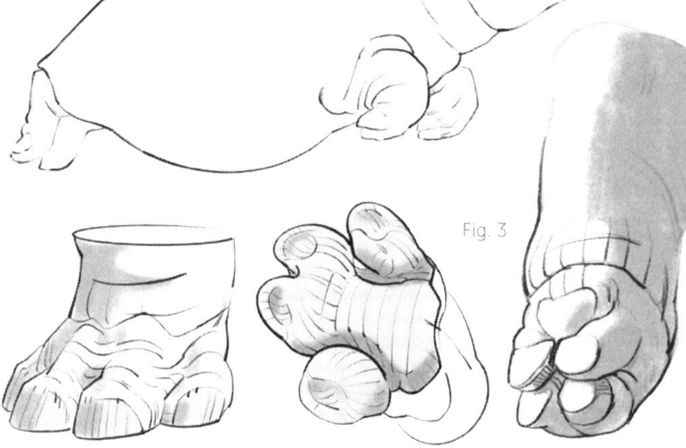

*Enhydra lutris* (Fig. 4 & 5) est la plus aquatique des loutres, la seule à pouvoir vivre en permanence dans la mer. Elle enduit ses poils avec la sécrétion de glandes cutanées huileuses qui les imperméabilisent. Ils retiennent de nombreuses bulles d'air qui assurent l'isolation thermique et permettent aux jeunes de flotter. Les narines et les oreilles se ferment hermétiquement pendant la plongée. Les membres postérieurs sont plus longs, largement aplatis et palmée : ce sont surtout ces derniers qui servent à la propulsion. La loutre de mer utilise sa queue comme un gouvernail.

*Fig. 4 : squelette et crâne d'une loutre de mer (***Enhydra lutris***).*

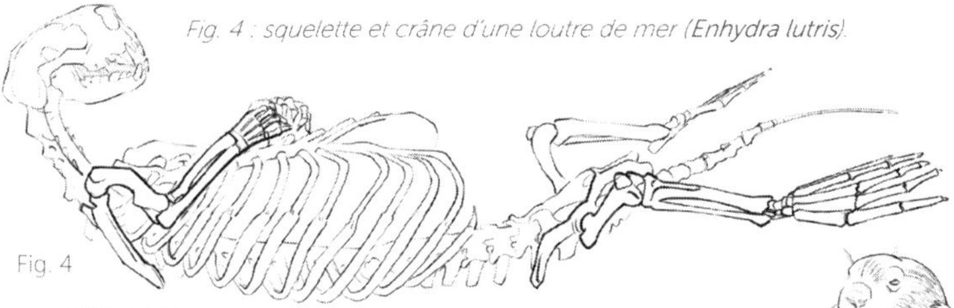

Fig. 4

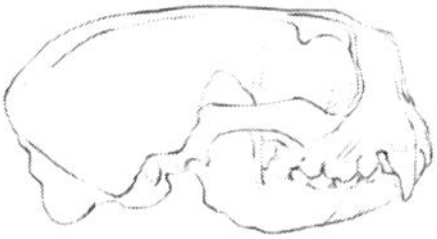

*Fig. 5 : loutre de mer nageant sur le dos.*

Fig. 5

La loutre géante (*Pteronura brasiliensis*, Fig. 7) est, de toutes les espèces de loutres, celle qui a la fourrure la plus rase ; elle est aussi extrêmement dense et imperméable. La loutre géante peut, elle aussi, obstruer ses oreilles et ses narines quand elle est sous l'eau. Sa queue large et puissante participe à la propulsion.

*Fig. 6 : crâne d'une loutre géante.*

*Fig. 7 : loutre géante (***Pteronura brasiliensis***).*

Fig. 6

Fig. 7

Fig. 8

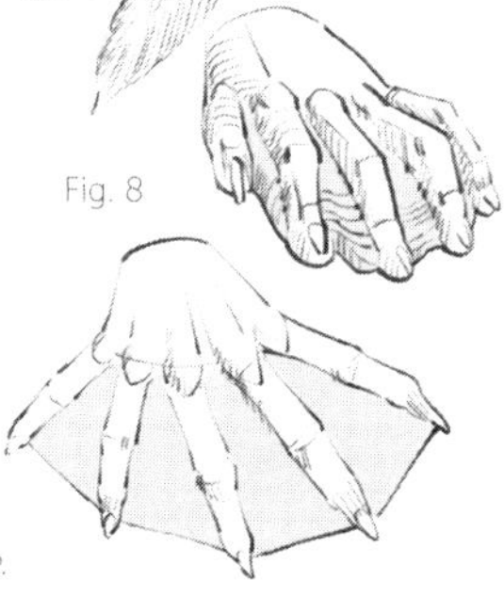

*Fig. 8 : mains de loutre géante.*

Fig. 1

*Fig. 1 : squelette de desman de Moscovie (Desmana moschata).*

*Fig. 2 : le desman de Moscovie possède une trompe mobile qui lui permet de détecter ses proies. Il est pourvu de pattes palmées et d'une queue aplatie qui participe à la propulsion et lui sert de gouvernail.*

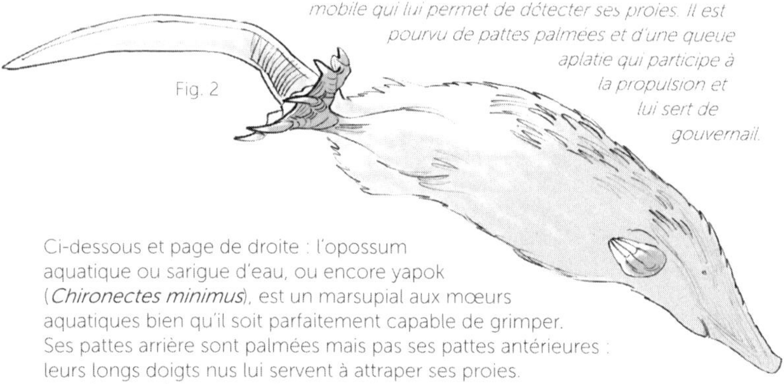

Fig. 2

Ci-dessous et page de droite : l'opossum aquatique ou sarigue d'eau, ou encore yapok (*Chironectes minimus*), est un marsupial aux mœurs aquatiques bien qu'il soit parfaitement capable de grimper. Ses pattes arrière sont palmées mais pas ses pattes antérieures : leurs longs doigts nus lui servent à attraper ses proies. La mère possède une poche marsupiale qu'un muscle sphincter ferme lors des plongées.

*Fig. 3 : crâne de yapok*
*Fig. 4 : pieds de yapok (profil, vues dorsale et palmaire).*

Fig. 3

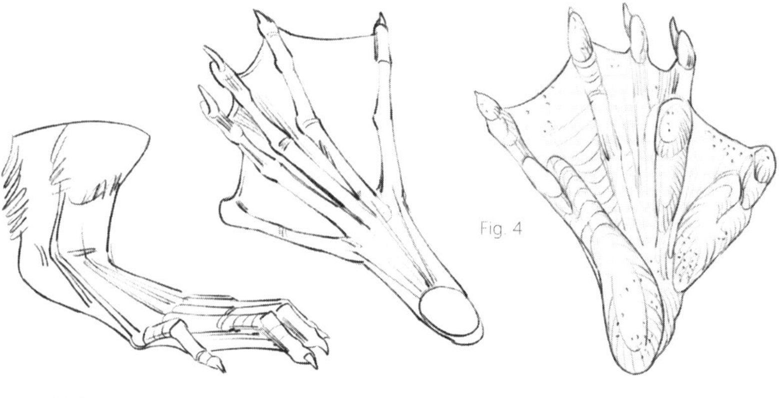

Fig. 4

Fig. 1

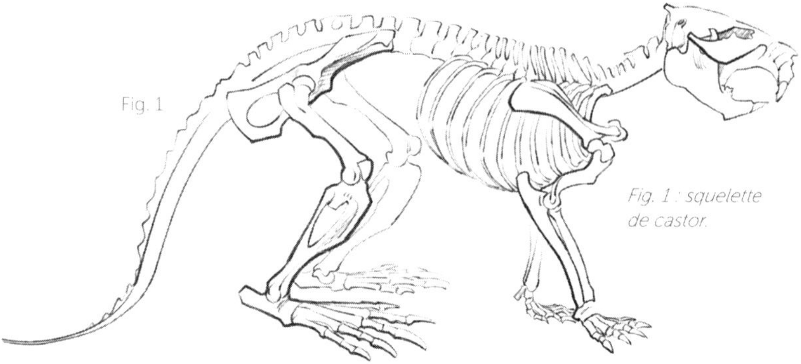

*Fig. 1 : squelette de castor.*

Le castor d'Europe, castor commun ou castor d'Eurasie (*Castor fiber*, Fig. 1 à 5), a des mains munies de cinq doigts griffus non palmés, aptes au fouissage. La préhension est facilitée par des coussinets sur la paume et un pouce qui peut s'orienter naturellement vers l'intérieur de la main.
Le pied possède cinq doigts complètement palmés ; l'ongle double du deuxième doigt lui sert de « peigne » quand le castor entretient sa fourrure.

*Fig. 2 : main droite de castor (vues dorsale et palmaire).*

*Fig. 3 & 5 : pied gauche.*

*Fig. 4 : la large queue du castor participe à la propulsion.*

Fig. 2

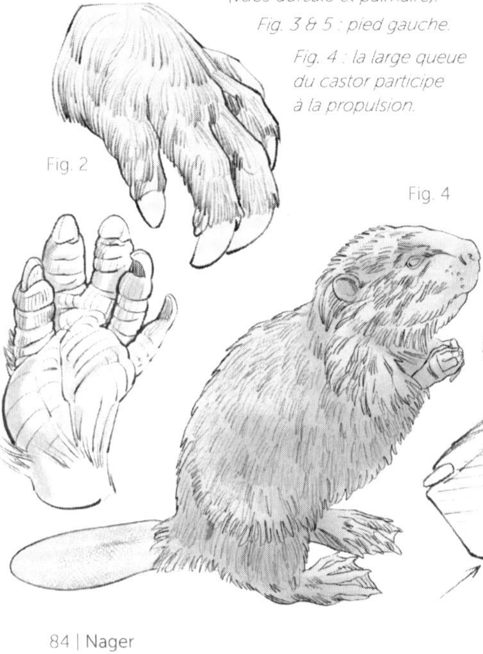

Fig. 3

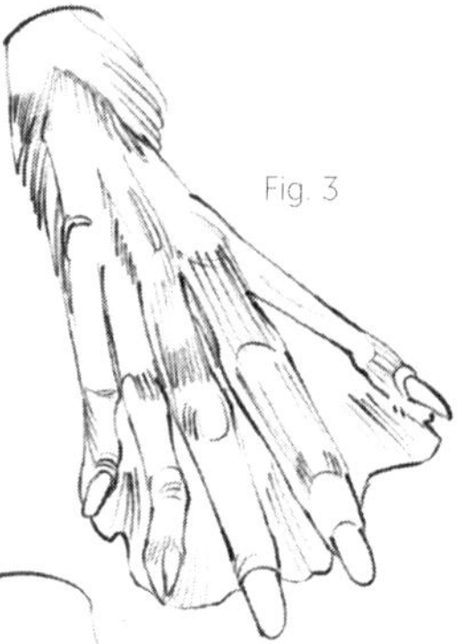

Fig. 4

Fig. 5

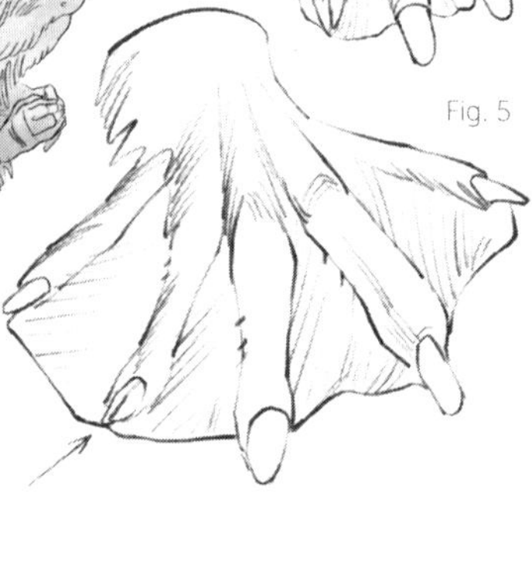

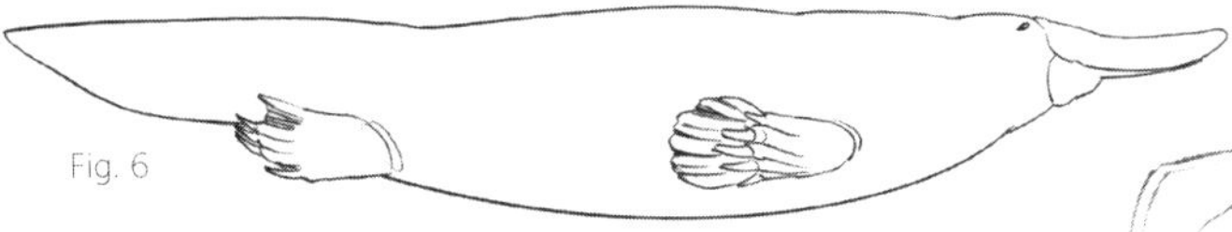

Fig. 6

*Fig. 6 : ornithorynque (**Ornithorhynchus anatinus**).*
*Fig. 7 : squelette d'ornithorynque et détail de la ceinture scapulaire (épaule). Cet animal se sert de sa large queue plutôt pour se diriger.*
*Fig. 8 : le « bec » est surtout un organe sensoriel. Les dents sont remplacées par des plaques cornées. Des sillons transversaux sont visibles sur le « bec » inférieur.*

Fig. 7

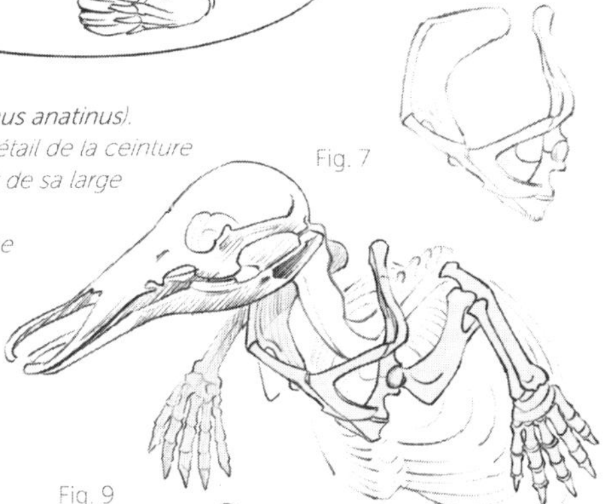

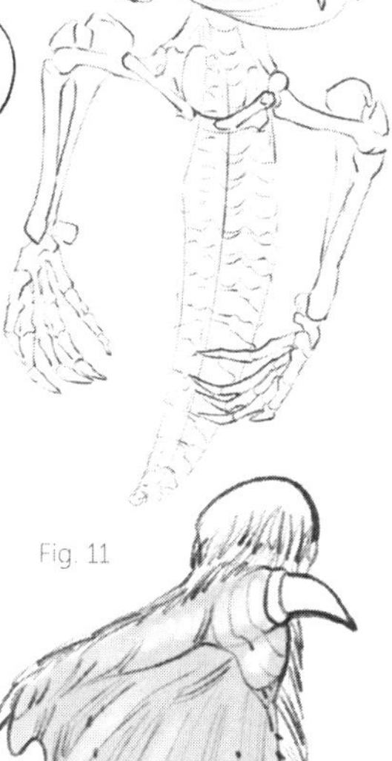

Fig. 8

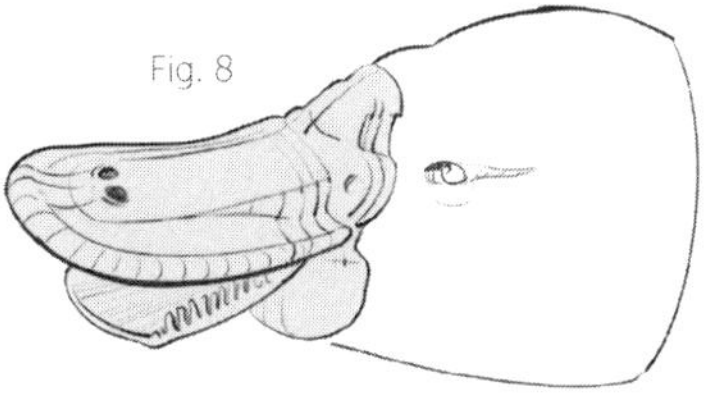

Fig. 9

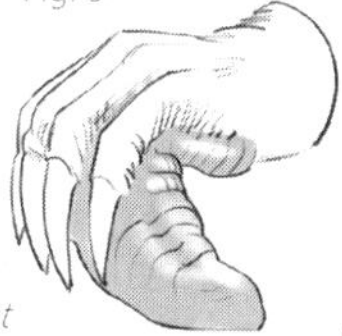

*Fig. 9 & 10 : la palmure dépasse largement les doigts de la main (Fig. 10) lors de la nage (ce qui facilite la propulsion) et de la marche sur les sols vaseux. Cette membrane se replie sous la paume de la main, laissant les griffes à découvert lorsque l'animal se déplace sur la terre ferme ou fouille le sol (Fig. 9).*

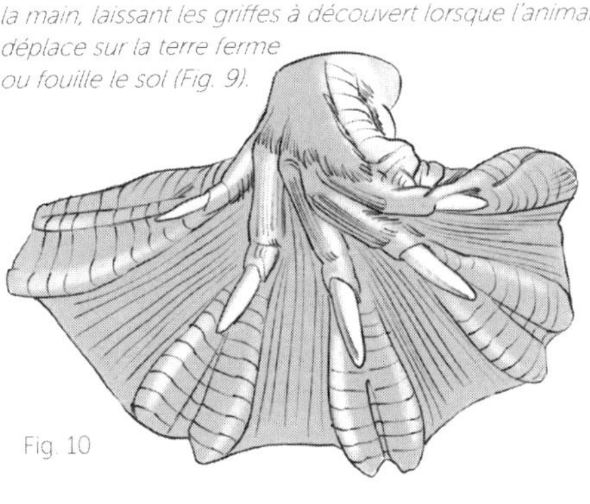

Fig. 10

Fig. 11

*Fig. 11 : l'ornithorynque est l'un des rares mammifères venimeux, avec ses cousins échidnés et certaines musaraignes. Les mâles adultes ont un éperon pointu placé juste au-dessus du talon.*

Les pinnipèdes sont des carnivores adaptés à la vie marine. On distingue généralement deux grandes séries : les otaries et les phoques. Les premières, qui ont de petits pavillons d'oreille, peuvent ramener les pattes postérieures sous le corps et prendre appui sur elles quand elles se déplacent sur le sol. Les seconds, qui n'ont pas de pavillons, les gardent dans le prolongement du corps et se tractent sur la glace en s'aidant des griffes de leurs pattes avant. Le morse appartient à une autre famille, dont il est le seul représentant.

*Fig. 1 : lion de mer ou otarie de Steller (**Eumetopias jubatus**). Notez la taille des antérieurs propulseurs et l'absence de clavicule.*

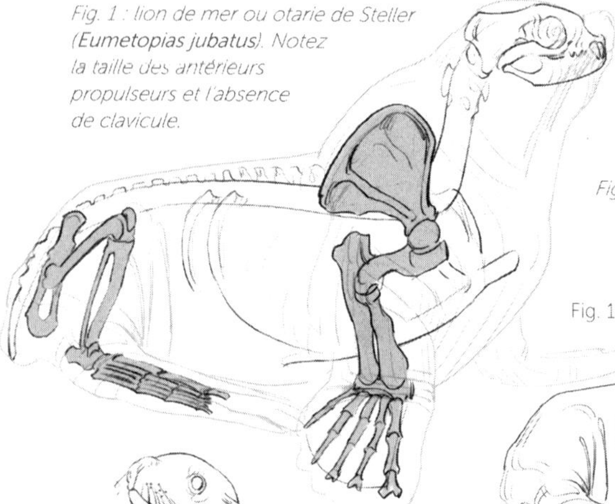

Fig. 2

*Fig. 2 : crâne de lion de mer.*

Fig. 1

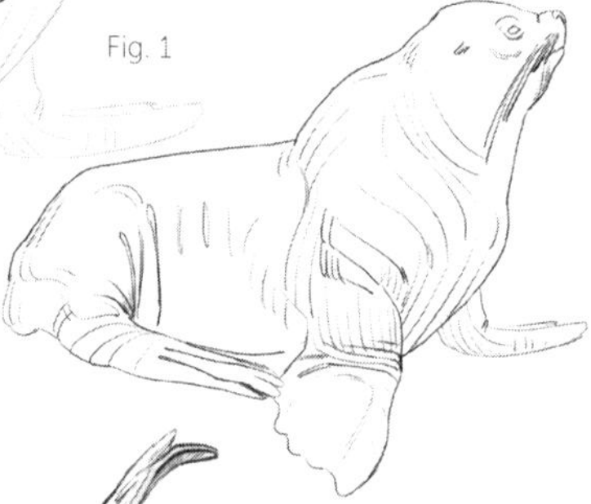

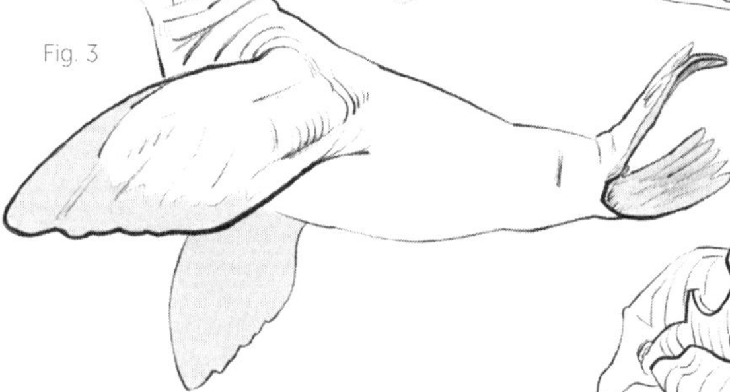

Fig. 3

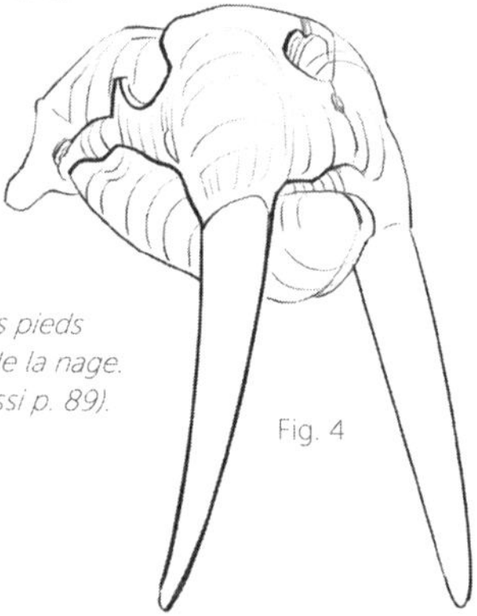

*Fig. 3 : les doigts sont réunis en palette natatoire, les pieds pivotent et se présentent plante contre plante lors de la nage.*
*Fig. 4 : tête de morse (**Odobenus rosmarus**, voir aussi p. 89).*

Fig. 4

*Fig. 5 : phoque commun ou phoque veau marin (**Phoca vitulina**, d'après H.-M. de Blainville).*

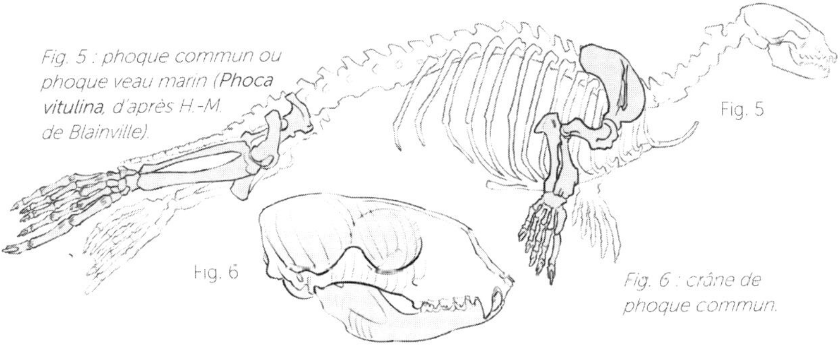

Fig. 5

Fig. 6

*Fig. 6 : crâne de phoque commun.*

Le fémur est extrêmement réduit mais pas les tibia et péroné (ou fibula), qui reçoivent la musculature des pieds propulseurs.

*Fig. 7 : pied de phoque commun.*

*Fig. 8 : squelette d'un pied de phoque (notez la symétrie, le renforcement des doigts I et V).*

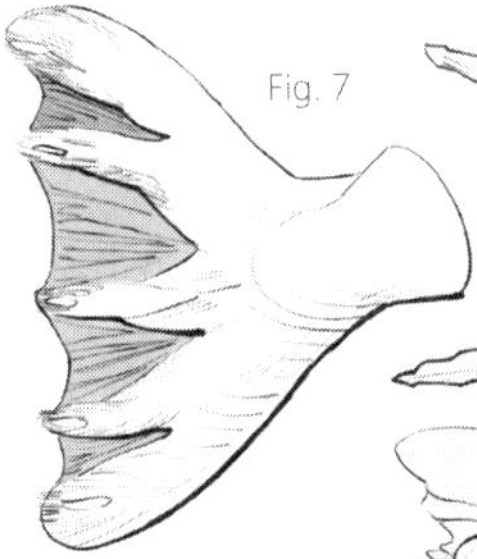

Fig. 7

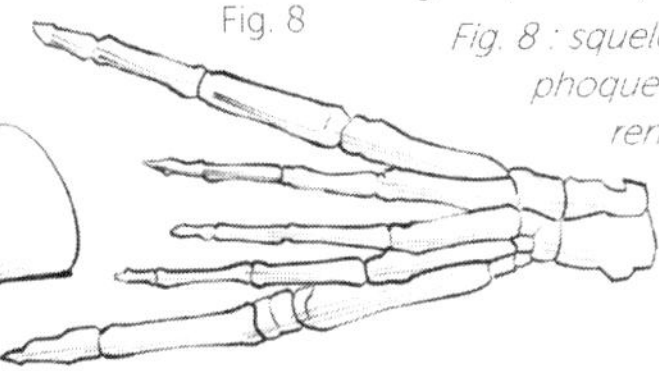

Fig. 8

*Fig. 9 : lors de la nage, les pieds sont rejetés très loin en arrière dans le prolongement du corps, plante contre plante, au voisinage immédiat de la queue.*

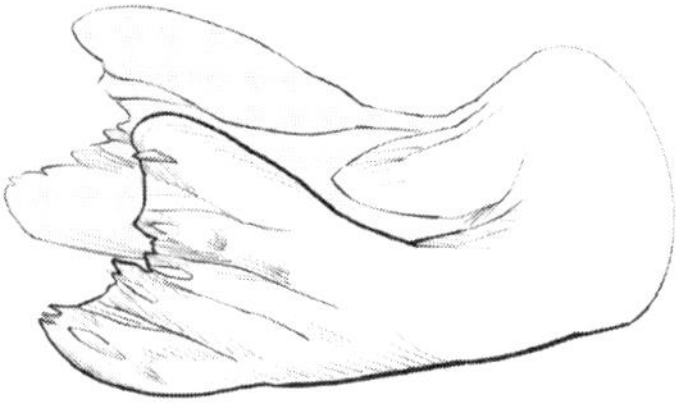

Fig. 9

Fig. 10

*Fig. 10 : main de phoque commun. Les doigts sont réunis sous la peau (palmure).*

La graisse tend à remplacer le rôle isolant de la fourrure chez de nombreuses espèces. Elle persiste chez les jeunes qui ont un rapport surface/volume critique.

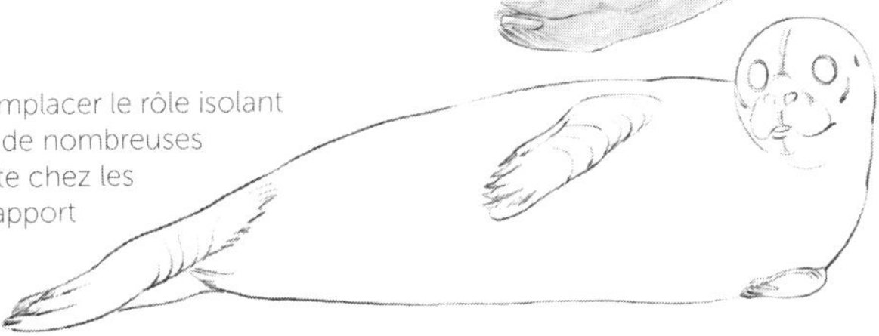

De manière générale, posséder une masse corporelle importante est un atout pour les mammifères qui risquent de perdre leur chaleur corporelle dans l'eau.

Les siréniens, présentés sur cette double page, sont recouverts d'une épaisse couche de graisse isolante. Ils n'ont pas de membres postérieurs visibles (vestiges enfouis dans les chairs), mais possèdent une « nageoire caudale » horizontale qui permet la propulsion par mouvements verticaux. Stabilité et changements de direction sont contrôlés par les antérieurs.

*Fig. 1 : squelette de lamantin des Caraïbes (Trichechus manatus).*

Fig. 1

*Fig. 2 : lamantin des Caraïbes. On distingue les lamantins à leur queue pourvue d'un lobe arrondi.*
*Fig. 3 : crâne de lamantin des Caraïbes.*

Fig. 2

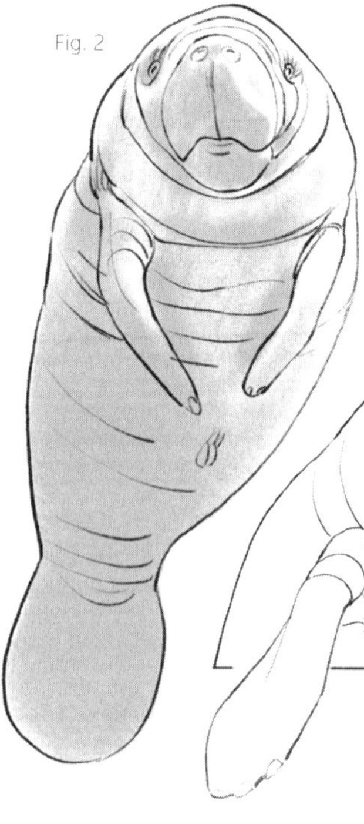

Fig. 3

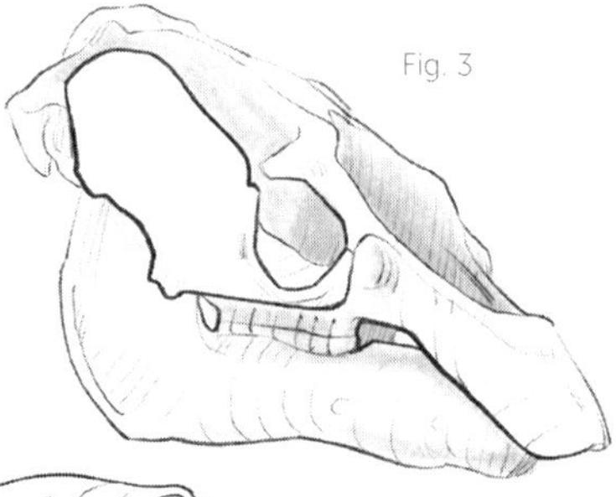

*Fig. 4 : leur large mufle et leur mode d'alimentation (ils broutent) valent aux siréniens le surnom de « vaches de mer » ou « vaches marines ».*

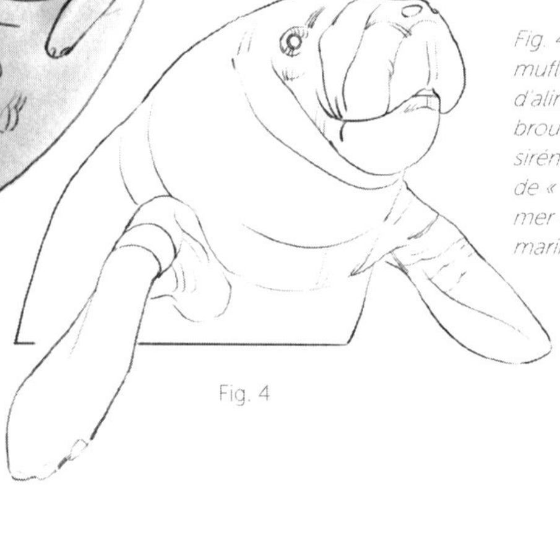

Fig. 4

Contrairement aux espèces vues précédemment, les siréniens et les cétacés (pages suivantes) sont exclusivement aquatiques. La mise bas des petits et l'allaitement se font en pleine eau. De nombreuses adaptations physiologiques complètent leur adaptation morphologique. Ils sont recouverts d'une épaisse couche de graisse (lard) qui joue un rôle isolant, constitue une réserve énergétique et participe à la flottaison.

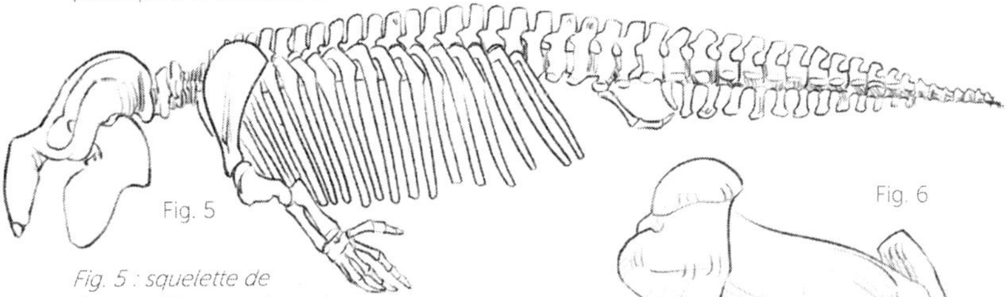

Fig. 5

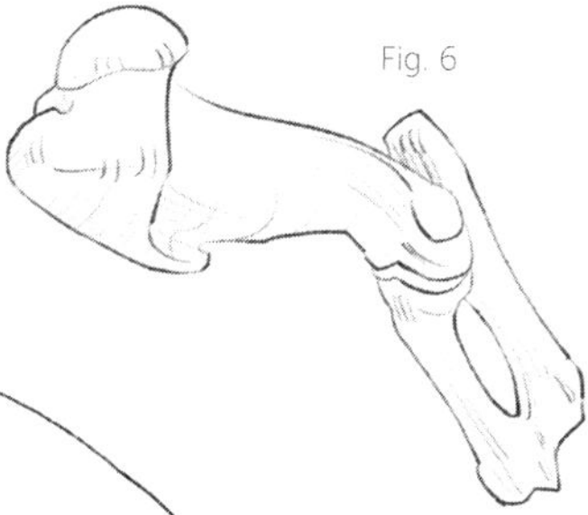

Fig. 6

*Fig. 5 : squelette de dugong (**Dugong dugon**).*
*Fig. 6 : ossature du bras et de l'avant-bras.*

Fig. 7

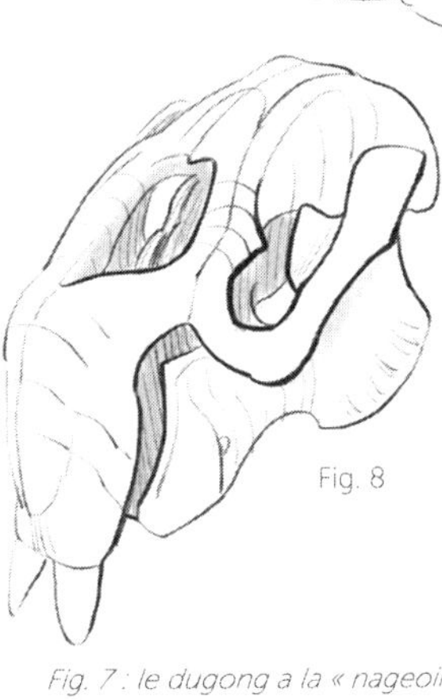

Fig. 8

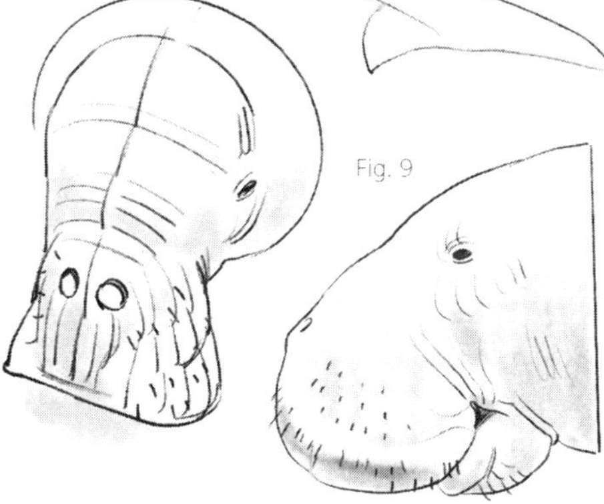

Fig. 9

*Fig. 7 : le dugong a la « nageoire caudale » concave, comme les cétacés.*
*Fig. 8 : le crâne du dugong possède deux incisives caractéristiques.*
*Fig. 9 : son museau se termine par une sorte de petite trompe élargie, utile pour brouter les herbes marines et leurs racines.*

On mesure avec les cétacés, animaux puissants aux formes hydrodynamiques, combien le milieu façonne les êtres vivants. Ils ont la tête dans les épaules (le cou est quasi inexistant, les vertèbres cervicales étant compressées et soudées, Fig. 2 & Introduction p. 9), des membres antérieurs conformés en palettes natatoires, ne possèdent pas de membres postérieurs (tout au plus des vestiges de bassin) mais une « nageoire caudale » horizontale (qui facilite la remontée à la surface pour reprendre de l'oxygène) et des ailerons stabilisateurs : ces nombreuses adaptations leur donnent l'apparence de poissons. Les narines ou les évents ont tendance à se retrouver plus haut sur la tête que chez les autres mammifères aquatiques.

Fig. 1

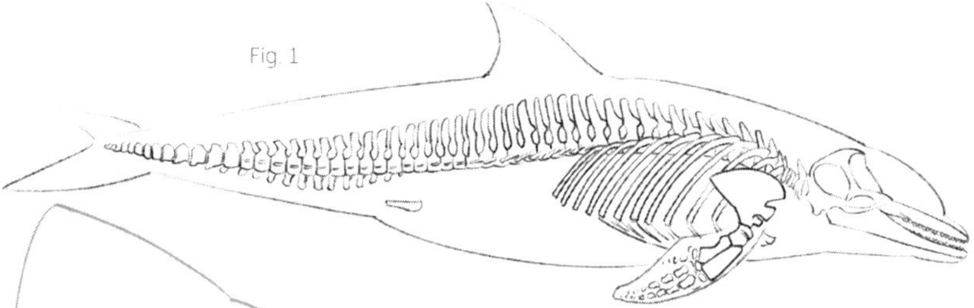

Fig. 2

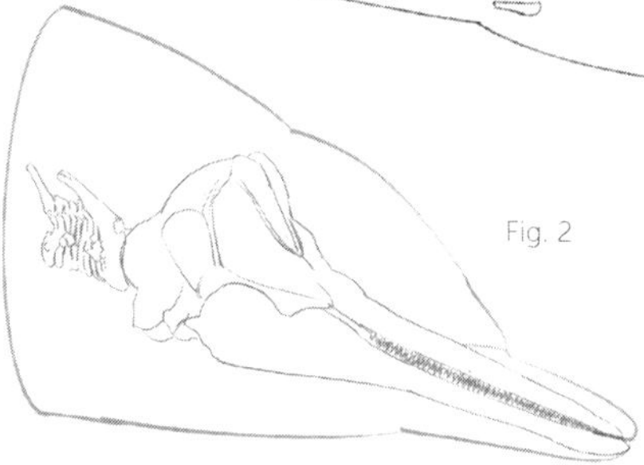

Fig. 3

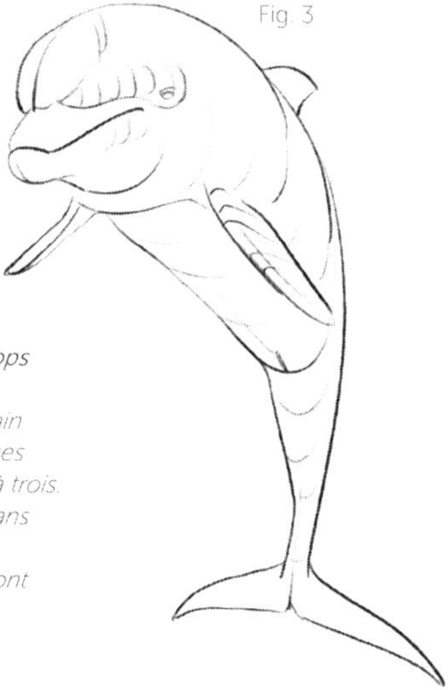

*Fig. 1 : squelette de grand dauphin commun (***Tursiops truncatus***). Les os du bras subissent une réduction et un aplatissement considérables, tandis que la main dépourvue de griffes est très allongée (chez quelques espèces le nombre de phalanges ne se limite plus à trois. On parle alors d'hyperphalangie). Il n'y a pas d'os dans les « nageoires » dorsale et caudale.*
*Fig. 2 : crâne de grand dauphin. Il possède sur le front un melon, masse graisseuse aidant la transmission et la focalisation des ultrasons (écholocation).*
*Fig. 3 : grand dauphin commun.*

On distingue les odontocètes (cétacés à dents) et les mysticètes (baleines à fanons, pages suivantes). Ces dents sont semblables entre elles – sauf exception : le narval n'en possède qu'une, sa défense (une incisive !).

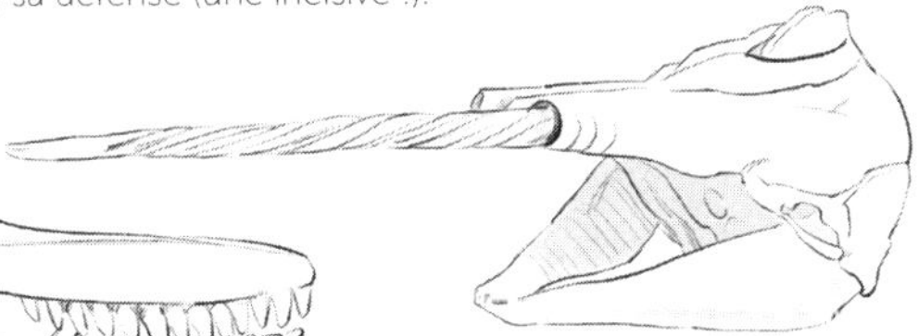

*Fig. 5 : narval, ou licorne des mers (*Monodon monoceros*).*

*Fig. 4 : orque, ou épaulard (*Orcinus orca*).*

Fig. 6

Fig. 7

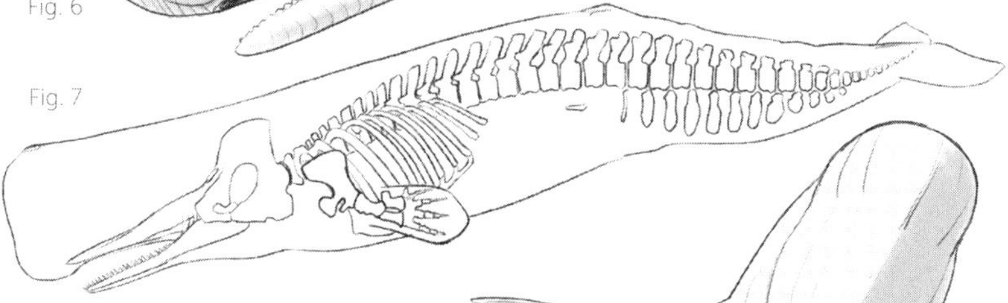

*Fig. 6 & 7 : grand cachalot (*Physeter macrocephalus*). L'énorme tête de l'animal contient un organe (l'organe à spermaceti) qui semble jouer un rôle dans le contrôle de sa flottabilité et dans sa capacité d'écholocation.*

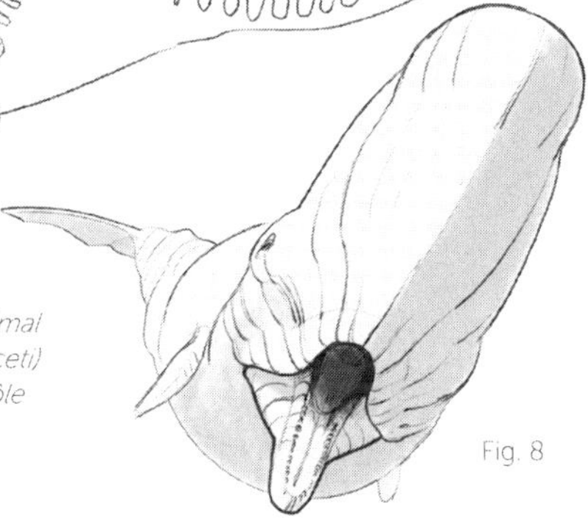

Fig. 8

*Fig. 8 : les dents garnissent la mâchoire inférieure. Celles de la mâchoire supérieure, rudimentaires, poussent rarement.*

*Fig. 1 : les fanons des mysticètes sont des lames cornées fixées sur la mâchoire supérieure. Ils sont composés de deux plaques rigides entre lesquelles on trouve des poils, qui servent à filtrer ce qu'elle contient en expulsant l'eau. La langue, en remontant, joue le rôle d'un piston.*

Fig. 1

Fig. 2

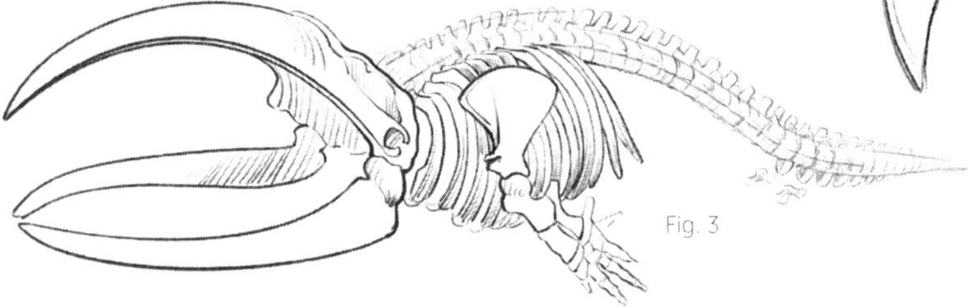

Fig. 3

*Fig. 2 & 3 : baleine boréale ou baleine du Groenland (*Balaena mysticetus*).*

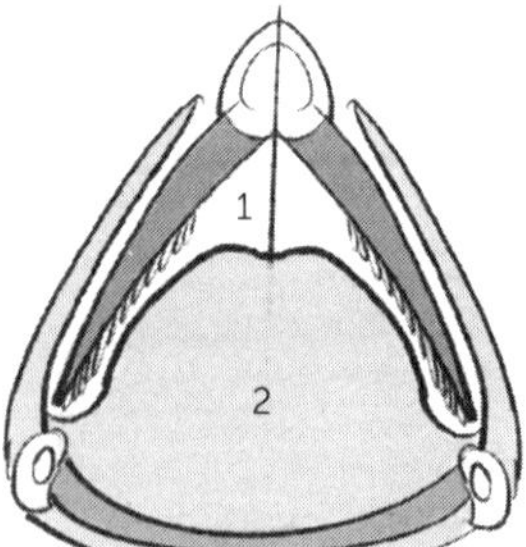


*Fig. 4 : coupe de la tête montrant les fanons (1) et la langue (2).*

Fig. 4

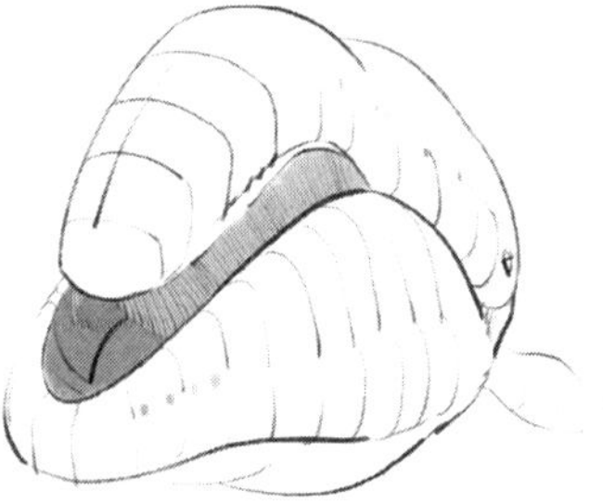

La baleine boréale est une « écrémeuse » qui nage lentement la bouche entrouverte, afin de récolter toutes les petites proies (de type zooplancton) qui se trouvent sur sa trajectoire. Le dessous de la gorge et le ventre sont lisses. La langue est ferme et volumineuse. En raison de la position basse de la mandibule, les lèvres inférieures sont très épaisses et très hautes.

*Fig. 5 : dessins de squelette de baleine bleue (**Balaenoptera musculus**) montrant la rotation et l'écartement de deux demi-mandibules lors de l'ouverture de la gueule.*

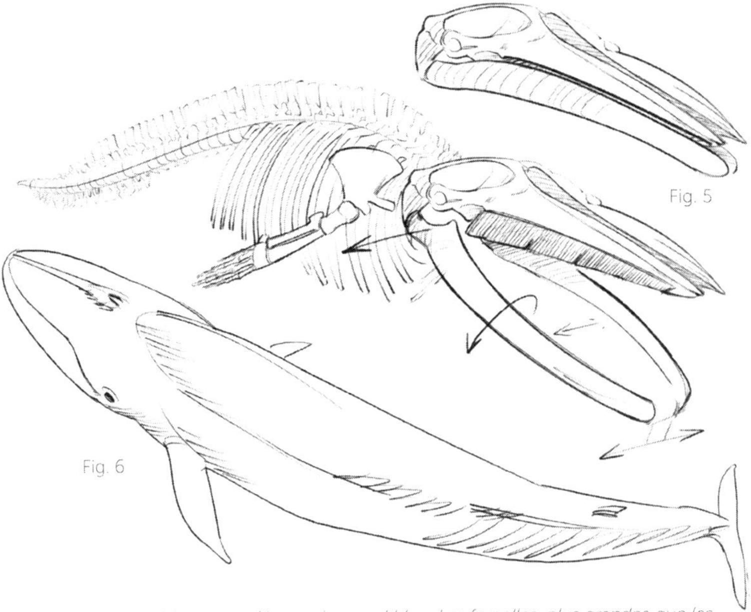

Fig. 5

Fig. 6

*Fig. 6 : baleine bleue, appelée aussi rorqual bleu. Les femelles, plus grandes que les mâles, seraient les plus grands animaux ayant jamais vécu sur notre planète !*

*Fig. 7 : coupe de la tête montrant les fanons (1) et la langue (2).*

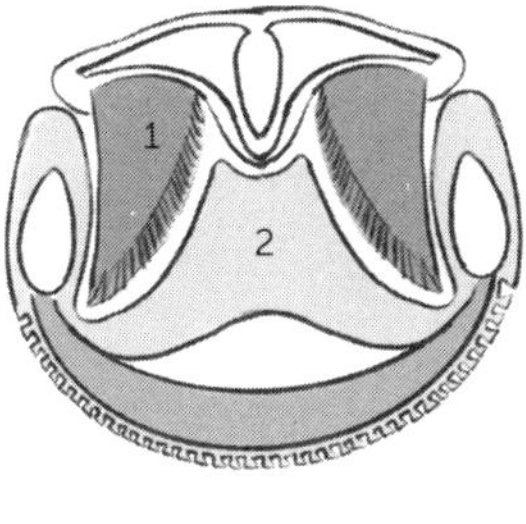


Fig. 7

La baleine bleue est une « engouffreuse » aux fanons courts. Le dessous de la gorge et une partie du ventre sont plissés. Une fois la gueule refermée, la contraction des muscles puissants situés sous les plis et de ceux de la langue chasse l'eau à travers les fanons, qui retiennent le krill et des petits poissons, crustacés et calmars.

# RESSOURCES

Les dessins réunis dans cet ouvrage ont été réalisés à partir des nombreuses données photographiques et vidéos disponibles sur le Net. Un certain nombre ont été exécutés d'après la collection d'anatomie comparée du Muséum national d'Histoire naturelle, à Paris. La plupart ont été décalqués d'après des photographies afin de réduire la marge d'interprétation (et de gagner du temps !). Je me suis efforcé de dessiner ces squelettes dans des postures naturelles en tâchant de respecter le positionnement de chacun des os, autant que mes compétences le permettent... Les données radiographiques restent rares et une marge d'erreur persiste forcément. J'espère cependant que ces dessins vous inspireront et vous inciteront à poursuivre par vous-mêmes ces recherches.

La liste des ouvrages utiles est longue ; en voici quelques-uns :


Collectif, *Histoire naturelle : plus de 5 000 entrées en couleurs*, Paris, Flammarion, 2016.

Jean-Baptiste de Panafieu et Patrick Gries, *Évolution*, Paris, Xavier Barral et Muséum national d'Histoire naturelle, 2011.

Charles Darwin, *L'Origine des espèces*, Paris, Flammarion, 2008.

Charles Devillers et Pierre Clairambault (sous la direction de Pierre-Paul Grassé), *Précis de zoologie, tome I : Anatomie comparée*, Paris, Dunod, 1976.

Wilhelm Ellenberger, Hermann Dittrich et H. Baum, *An Atlas of Animal Anatomy for Artists*, Dover Publications Inc., 1956.

Ernő Goldfinger, *Animal Anatomy for Artists*, Oxford, Oxford University Press, 2004.

Pierre-Paul Grassé (sous la direction de), *Traité de zoologie*, tomes XVI et XVII, Paris, Masson et Cie, années 1950-1970.

Leonard Harrison Matthews, *La grande encyclopédie de la nature*, tomes XV et XVI : *La vie des mammifères*, Paris, Bordas, 1972.

Ken Hultgren, *The Art of Animal Drawing*, Dover Publications Inc., 1993.

Guillaume Lecointre et Hervé Le Guyader, *La classification phylogénétique du vivant*, tome II, Paris, Belin, 2017.

Jacques Monod, *Le Hasard et la Nécessité*, Paris, Seuil, 1973.


Et tous les ouvrages du paléontologue américain Stephen Jay Gould !